Hochschultext

H. Labhart

Einführung in die Physikalische Chemie

Teil V
Molekülspektroskopie

Zweite, neubearbeitete Auflage von

E. Haselbach

Mit 58 Figuren

Springer-Verlag
Berlin Heidelberg New York Tokyo 1984

Professor Dr. Heinrich Labhart†

Professor Dr. Edwin Haselbach
Institut für Physikalische Chemie
Universität Freiburg Schweiz
Pérolles, CH-1700 Freiburg

ISBN-13: 978-3-540-12983-7   e-ISBN-13: 978-3-642-69434-9
DOI:10.1007/978-3-642-69434-9

CIP-Kurztitelaufnahme der Deutschen Bibliothek
Labhart, Heinrich: Einführung in die physikalische Chemie / H.Labhart. – Berlin; Heidelberg; New York; Tokyo: Springer
(Hochschultext)
Teilw. mit d. Erscheinungsorten Berlin, Heidelberg, New York
Teil 5. Molekülspektroskopie. – 2., neubearb. Aufl. von E.Haselbach – 1984

NE: Haselbach, Edwin [Bearb.]

Druck und Bindearbeiten: Beltz Offsetdruck, Hemsbach/Bergstraße
2154/3140–543210

Vorwort zur zweiten Auflage von Teil V

Nach dem leider allzu frühen Hinscheiden des unvergessenen
Lehrers und Forschers Prof. Dr. Heinrich Labhart war für die
zweite Auflage des Teils V ein Bearbeiter beizuziehen. Ich
habe diese Aufgabe gerne übernommen, war doch zu erkennen,
dass angesichts der Zielsetzung: Knappe Einführung in die
wichtigsten, chemisch relevanten spektroskopischen Verfahren,
keine grundlegenden Änderungen notwendig waren.

Der Text wurde auf SI-Einheiten umgestellt und entsprechende
Tabellen zur Definition der SI-Einheiten und ihre Umrechnung
in andere Einheiten aufgenommen, sowie eine Tabelle der verwendeten Naturkonstanten in SI-Einheiten eingefügt. Ferner
werden im Falle der magnetischen Resonanzmethoden Relaxa-
tionsphänomene und ihre Bedeutung für die Untersuchung che-
misch-dynamischer Prozesse etwas ausführlicher erwähnt.

Als zusätzliche moderne spektroskopische Methode ist die für
die Oberflächenanalytik wichtige ESCA-Spektroskopie (= X-
Photoelektronenspektroskopie) aufgenommen worden. Ebenfalls
schien eine knappe Einführung in die Mössbauer-Spektroskopie
wünschenswert. Zudem wird erstmals in diesem Lehrbuch auf die
Elektronenstoss-Spektroskopie hingewiesen, die zu einem wichtigen Hilfsmittel des an elektronisch angeregten Zuständen
interessierten Chemikers, insbesondere Photochemikers, zu
werden verspricht. Ich danke Herrn Dr. Michael Allan für
seine Anregungen bei der Abfassung dieses Kapitels. Dank
gebührt ebenfalls Frl. Eliane Cachin für ihre Hilfe bei der
Abfassung des Manuskriptes, das im übrigen für alle Kapitel
mit zeitgemässen Zitaten für weiterbildende Literatur ausge-
rüstet wurde.

Fribourg, im November 1983   Edwin Haselbach

Vorwort zur ersten Auflage

Die vorliegende "Einführung in die physikalische Chemie"
ist aus Vorlesungen entstanden, welche an der Universität
Zürich gehalten wurden. Der Kursus erstreckt sich jeweils
über das dritte bis sechste Studiensemester. Einige Kennt-
nisse in allgemeiner Chemie, Physik und Mathematik aus
Vorlesungen in den ersten zwei Semestern werden vorausgesetzt. Aus Gründen der Studienorganisation musste der Stoff
so eingeteilt werden, dass entweder mit Teil I oder mit
Teil IV begonnen werden kann. Dies wurde dadurch erreicht,
dass die Teile I, Chemische Thermodynamik, II, Kinetik und
III, Molekülstatistik vornehmlich die makroskopische Behandlung von Systemen umfassen, während die Teile IV, Molekül-
bau und V, Molekülspektroskopie der mikroskopischen Beschreibung gewidmet sind. Eine Vermischung dieser Betrach-
tungsweisen im Teil III war sachlich unvermeidbar.

Es wurde versucht, die Stoffauswahl so zu treffen, dass
die Grundlagen möglichst vieler heute wichtiger physika-
lisch-chemischer Methoden behandelt werden, wodurch auch
das Verständnis wenigstens eines Teils der modernen Original-
literatur ermöglicht wird.

Fast durchwegs wurde die deduktive Methode angewandt, indem
- ausgehend von den physikalischen Prinzipien - deren Anwendung auf chemische Fragen dargestellt wurde. Auf diese
Weise wurden die Notwendigkeit und die Natur von Approxi-
mationen und Modellvorstellungen deutlich. Ich hoffe, dass
es gelungen ist, die Bedingtheit solcher Modellvorstellungen herauszustellen, ohne die entscheidende Förderung,
welche die Chemie durch sie erfahren hat, zu verwischen.

Der vorliegende Text bildet kein Nachschlagewerk. Das
Hauptgewicht wurde auf die Darstellung der Gedankengänge
verlegt. Tabellen wurden nur in dem Umfang aufgenommen,

als sie zur Verdeutlichung der Ausführungen dienlich sind. Ergänzende Betrachtungen oder Ableitungen, welche den Rahmen dieser von allen Studierenden der Chemie belegten Vorlesung sprengen, wurden in Anhänge verlegt.

Meine Kollegen H. Fischer und G. Wagnière haben mich in den letzten Jahren wiederholt auf allzu eingehende Abschnitte, Unterlassungen, Möglichkeiten einfacherer Ableitungen oder Unstimmigkeiten in den als Skripten an die Studierenden ausgegebenen Vorläufern des vorliegenden Textes aufmerksam gemacht. Wesentliche Anregungen habe ich auch von seiten meiner Assistenten und Studenten erhalten, die auf Schwierigkeiten in der Darstellung hinwiesen. Für alle diese aufbauende Kritik, die ich weitgehend berücksichtigen konnte, danke ich verbindlich. Ein besonderer Dank gebührt Frl. H. Böckli, welche das oft unansehnliche Manuskript in vorbildlicher Weise ins reine schrieb, und Herrn E. Spalinger für die zeichnerische Ausführung vieler Figuren.

Zürich, Februar 1975

H. Labhart

Bemerkungen zu Teil V

Die Auswahl der in diesem Teil in ihren Grundzügen
dargestellten Methoden wurde vor allem in Hinsicht auf
Anwendungen in der Chemie getroffen. Es wurde versucht,
die wichtigsten Grundlagen klarzustellen und den Lernen-
den nicht durch Einzelheiten zu verwirren. Dadurch
hoffen wir eine tragfähige Basis für das Weiterstudium
in verschiedenen Sparten der Molekülspektroskopie ver-
mittelt zu haben.

Inhaltsverzeichnis

1. Einleitung

Die Molekülspektroskopie umfasst die mannigfaltigen Erschei-
nungen der Wechselwirkung von Molekülen mit elektromagneti-
scher Strahlung. Besonders fruchtbar erwiesen hat sich das
Studium der Absorption und der Emission von Strahlung sowie
der Ionisation durch Strahlung. Diese Vorgänge bilden heute
wohl die ergiebigste Quelle zur Erforschung der energetischen
Eigenschaften von Molekülen. Darüber hinaus erlauben sie
auch Rückschlüsse auf den geometrischen Bau und auf die
Elektronenstruktur. Da die Theorie der Wechselwirkung zwischen Strahlung und Materie weitgehend ausgearbeitet ist und
in vielen Fällen quantitativ durchgeführt werden kann, ist
die Aussagekraft spektroskopischer Experimente gross. In
andern Fällen, wo eine theoretische Analyse nicht vollständig möglich ist, können die Spektren wenigstens zur ana-
lytischen Charakterisierung von Substanzen dienen. Oft sind
empirisch gefundene Korrelationen spektraler Banden mit funktionellen Gruppen eine wirksame Hilfe bei Strukturaufklärungen.

Besondere Vorteile der meisten spektroskopischen Methoden
sind der geringe Substanzbedarf und der Umstand, dass die
Substanz dabei nicht zerstört wird. Viele dieser Methoden
eignen sich deshalb auch zum Nachweis und zur Charakterisierung von kurzlebigen Zwischenprodukten bei Reaktionen.

1.1. Beschreibung der Strahlung

Um einen möglichst hohen Grad von Anschaulichkeit zu wahren,
verzichten wir auf eine einheitliche Beschreibung der elektromagnetischen Strahlung. Wir stellen sie einerseits als
elektromagnetische Welle dar, welche sich im Vakuum mit der
Lichtgeschwindigkeit $c = 3 \cdot 10^8$ m/s fortpflanzt und bei
einer Wellenlänge λ eine Frequenz $\nu = c/\lambda$ besitzt. Oft wird
statt der Frequenz die Wellenzahl $\tilde{\nu} = 1/\lambda$ angegeben. Andererseits benützen wir das Quantenbild, in welchem die Strahlung

als Strom von Quanten der Energie $E = h\nu$ (h = $6,62 \cdot 10^{-34}$ Js
= Planck'sche Konstante) betrachtet wird.

Die Intensität einer Strahlung wird durch die pro Zeitein-
heit auf die Flächeneinheit einfallende Strahlungsenergie
gemessen. Im Quantenbild kann sie in die Zahl der pro Zeit-
einheit auf die Flächeneinheit einfallenden Quanten umgerechnet werden. Im Wellenbild folgt daraus die Amplitude
des elektrischen und magnetischen Feldvektors.

Die Molekülspektroskopie umfasst Beobachtungen in einem
weiten Frequenzbereich, der in Tabelle 1.1 entsprechend
dem üblichen Sprachgebrauch unterteilt ist.

Tabelle 1.1 Unterteilung des in der Molekülspektroskopie
verwendeten Frequenzbereichs

Bezeichnung	Frequenz ν [s^{-1}]=[Hz]	Wellenlänge $\lambda = c/\nu$ [cm]	Energie pro Mol Photonen $E=Lh\nu$ [kJ/mol]
Radiowellen	$3 \cdot 10^{6}$ $-5 \cdot 10^{9}$	10^{4} $- 6$	$1,20 \cdot 10^{-6}-2,01 \cdot 10^{-3}$
Mikrowellen	$5 \cdot 10^{9}$ $-3 \cdot 10^{12}$	6 -10^{-2}	$2,01 \cdot 10^{-3}-1,20$
Infrarot-strahlung	$3 \cdot 10^{12}$ $-3 \cdot 10^{14}$	$10^{-2}-10^{-4}$	$1,20$ $-1,2 \cdot 10^{2}$
sichtbares und ultraviolettes Licht	$3 \cdot 10^{14}$ $-3 \cdot 10^{16}$	$10^{-4}-10^{-6}$	$1,2 \cdot 10^{2}$ $-1,2 \cdot 10^{4}$
Röntgenstrahlen	$3 \cdot 10^{16}$ $-3 \cdot 10^{19}$	$10^{-6}-10^{-9}$	$1,2 \cdot 10^{4}$ $-1,2 \cdot 10^{7}$

In der letzten Kolonne sind die Quantenenergien durch Multipli-
kation mit der Loschmidt-Konstante L = $6,02 \cdot 10^{23}$ Moleküle/mol
auf kJ/mol umgerechnet. Diese Zahlen ermöglichen den Vergleich der Quantenenergie mit Bindungsenergien. Man erkennt,

dass die Quantenenergie der Radiowellen, Mikrowellen und
Infrarotstrahlung kleiner als die Bindungsenergien sind und
deshalb nicht direkt zu chemischen Veränderungen (Bindungs-
bruch oder -bildung) in Molekülen Anlass geben werden. Sehr
oft sind aber die Moleküle auch bei kurzwelligerer Bestrahlung beständig, weil die bei der Absorption aufgenommene
Energie wieder abgegeben wird, bevor eine chemische Umwand-
lung stattfinden kann.

1.2. Allgemeine Gesetze der Wechselwirkung von Strahlung mit Molekülen

Im Anhang I ist die quantenmechanische Theorie der Wechselwirkung von Strahlung mit Molekülen in ihrer einfachsten Form
skizziert. Daraus ergeben sich die folgenden Gesetzmässigkeiten:

i)   Wenn Strahlung der Frequenz ν auf ein Molekül einfällt,
     so ist Absorption möglich, wenn das Molekül im Abstand
     $\Delta E = h\nu$ oberhalb des besetzten Ausgangszustandes einen
     Energiezustand hat.

ii) Einfallende Strahlung der Frequenz ν kann die Emission
     eines Quants $h\nu$ induzieren, wenn das Molekül im Abstand
     $\Delta E = h\nu$ unterhalb des Anfangszustandes einen Energiezu-
     stand hat.

iii) Zwischen zwei gegebenen Energiezuständen ist die Ab-
     sorptions-Wahrscheinlichkeit gleich der Wahrscheinlich-
     keit für induzierte Emission.

iv) Ein Uebergang wird nur dann induziert, wenn das Ueber-
     gangsmoment

$$\mu_{k',k''} = \int_R \psi_{k''}^* \hat{h}' \psi_{k'} \, d\tau \tag{1.1}$$

zwischen einem Anfangszustand k', in welchem der Raum-
anteil der Zustandsfunktion $\psi_{k'}$ ist, und einem End-

zustand $\psi_{k''}$ nicht verschwindet. $\hat{h}'$ ist ein Operator,
welcher den ortsabhängigen Teil der Wechselwirkung
des Strahlungsfeldes mit dem Molekül beschreibt.
Seine Form hängt von der Art der betrachteten Uebergänge ab. Sie wird später spezifiziert.

Man kann somit aus der Wellenlänge von absorbierter oder
emittierter Strahlung auf Energieunterschiede zwischen
stationären Molekülzuständen schliessen. Aus dem Auftreten
eines bestimmten Uebergangs kann man zusätzlich bei bekanntem $\hat{h}'$ gewisse Rückschlüsse auf die Symmetrie der Wellenfunktionen in Start- und Zielzustand schliessen.

1.3. Eine Gesamtheit von Molekülen im Strahlungsfeld

Experimentelle Beobachtungen werden immer an Proben, welche
sehr viele Moleküle enthalten, durchgeführt. Gemäss der
Boltzmann-Statistik (vgl. Teil III) ist in einer Probe,
welche N_0 Moleküle enthält, im thermischen Gleichgewicht
bei der Temperatur T die mittlere Zahl der Moleküle in einem
Quantenzustand mit Energie E_k

$$N_k = \frac{N_0}{Z} e^{-\frac{E_k}{kT}} \tag{1.2}$$

wo $k = 1{,}38 \cdot 10^{-23}$ J/K die Boltzmann-Konstante und Z die
Zustandssumme bedeuten.

$$Z = \sum_{QZk} e^{-\frac{E_k}{kT}} \tag{1.3}$$

Die mittlere Zahl der Moleküle $N_{k'}$ in einem Quantenzustand
mit der Energie $E_{k'}$ wird demnach im thermischen Gleichgewicht grösser sein als $N_{k''}$ in einem höheren Quantenzustand
mit Energie $E_{k''}$. Weil die Wahrscheinlichkeiten für indu-

zierte Emission und Absorption für jedes Molekül gleich
sind, werden durch die einfallende Strahlung im Mittel mehr
Moleküle von k' nach k" befördert als umgekehrt. Die einfallende Strahlung erleidet somit einen Energieverlust,
welcher der Differenz $\left(N_{k'} - N_{k''}\right)$ proportional ist. Gemäss
(1.2) wird

$$N_{k'} - N_{k''} = \frac{N_0}{Z}\left(e^{-\frac{E_{k'}}{kT}} - e^{-\frac{E_{k''}}{kT}}\right) = N_0\,\frac{e^{-\frac{E_{k'}}{kT}}}{Z}\left(1 - e^{-\frac{E_{k''}-E_{k'}}{kT}}\right) \quad (1.4)$$

Daraus ist ersichtlich, dass die Absorption k' → k" dann begünstigt wird, wenn

i)   die Zahl N_0 der Moleküle im Strahlungsfeld gross ist,

ii)   die Zustandssumme Z klein ist, was bedeutet, dass wenige
      Zustände mit Energie $E \lesssim kT$ vorhanden sind,

iii) der Ausgangszustand k' eine tiefe Energie hat,

iv) $E_{k''} - E_{k'}$ gross gegenüber kT ist.

Da durch die Einstrahlung mehr Moleküle aus dem Zustand k' in
den Zustand k" befördert werden als umgekehrt, entsteht eine
Störung der thermischen Gleichgewichtsverteilung. Die Moleküle können aber durch Wechselwirkung mit ihrer Umgebung
ebenfalls Uebergänge zwischen den Quantenzuständen ausführen.
Dadurch kann nach Abschalten der Einstrahlung das System wieder zur Gleichgewichtsverteilung zurückkehren. Dieser Vorgang
verläuft mit einer für den Uebergang charakteristischen Rela-
xationszeit τ. Wenn die Einstrahlung so schwach ist, dass
jedes Molekül im Mittel in Zeitintervallen ≫ τ einen Uebergang ausführt, so wird die Gleichgewichtsverteilung nur sehr
wenig gestört, weil sie sich laufend praktisch vollständig
wieder einstellt. Solche Verhältnisse trifft man z.B. bei
Farblösungen, welche durch konventionelle Lichtquellen bestrahlt werden. Wenn aber die Einstrahlung so stark ist, dass
die Moleküle im Mittel in Zeitabständen ≪ τ Uebergänge aus-

führen, so entstehen starke Abweichungen von der Gleichgewichtsverteilung. Wenn die Relaxation vernachlässigbar langsam ist, so strebt unter dem Einfluss der Einstrahlung mit
der Zeit $N_{k'}$ gegen $N_{k''}$. Dadurch wird die Absorption immer
schwächer und kann nach einiger Zeit weitgehend verschwinden.
Diese als _Sättigung_ bezeichnete Erscheinung kann z.B. in der
Kernresonanzspektroskopie, wo τ gross ist, leicht auftreten,
wenn die Intensität der Strahlung zu gross gewählt wird. Sie
ist aber auch in der Ultraviolettspektroskopie bei Verwendung von Laser-Licht gut bekannt.

Emission wird nur dann beobachtet, wenn ein System durch
einen äusseren Einfluss wie z.B. Bestrahlung, Elektronenstoss oder eine chemische Reaktion aus dem Gleichgewichts-
zustand mit seiner Umgebung gebracht wurde.

1.4. Unterteilung des Gebietes der Molekülspektroskopie

Man kann in Molekülen Uebergänge verschiedener Art unterscheiden, welche verschiedenen Freiheitsgraden entsprechen.

Zwischen den Atomkernen und der Elektronenhülle oder einem
angelegten Magnetfeld besteht eine Wechselwirkung, welche
Anlass zu verschiedenen Energiezuständen der Atomkerne gibt.

Uebergänge zwischen solchen Energiezuständen entsprechen
Frequenzen im Radiowellengebiet. Sie können beobachtet werden, ohne dass gleichzeitig andersartige Uebergänge induziert
werden und werden daher zuerst besprochen.

Von ähnlicher Art sind die Uebergänge zwischen verschiedenen Spinzuständen von Elektronen, welche an freien Radikalen
beobachtet werden können. Wenn dabei die Elektronenkonfiguration erhalten bleibt, erscheinen die entsprechenden Absorptionen normalerweise im Mikrowellengebiet.

Im gleichen Frequenzgebiet erscheinen die Uebergänge zwischen
verschiedenen Rotationszuständen von Molekülen in der Gasphase.

Uebergänge zwischen verschiedenen Vibrationszuständen von
Molekülen werden im Infrarotbereich gefunden.

Übergänge zwischen verschiedenen Elektronenzuständen
fallen in den Bereich des sichtbaren und ultravioletten
Lichtes. Sie können mit gleichzeitiger Aenderung des Rota-
tions- und Vibrationszustandes verbunden sein.

Sehr kurzwelliges ultraviolettes Licht und Röntgenstrahlen
führen schliesslich zur Ionisation von Molekülen. Aus der
Analyse der Energie der abgelösten Elektronen können gewisse Rückschlüsse auf die Elektronenstruktur der Moleküle
gezogen werden.

2. Magnetische Kernresonanz

Literatur:

1. C.P. Slichter, Principles of Magnetic Resonance, Springer
   (1980).
2. E.D. Becker, High Resolution NMR: Theory and Chemical
   Applications, Acad. Press (1980).   .
3. J. Kaplan, G. Fraenkel, NMR in Chemically Exchanging
   Systems, Acad. Press (1980).
4. K. Müllen, D.S. Pregosin, Fourier Transform NMR: A
   Practical Approach, Acad. Press (1977).
5. R. Harris, B. Mann, NMR and the Periodic Table, Acad.
   Press (1979).
6. E. Breitmaier, G. Bauer, ^{13}C-NMR-Spektroscopie:
   Arbeitsanleitung mit Übungen, Thieme (1977).

2.1. Eigenschaften von Kernen

Die Atomkerne bestehen aus Protonen und Neutronen. Die Zahl
der Protonen bestimmt die positive Ladung und damit den Platz
des Elementes im Periodischen System. Bei gegebener Zahl der
Protonen kann die Zahl der Neutronen in gewissen Grenzen ändern. Kerne mit gleicher Protonenzahl und verschiedener Zahl
von Neutronen werden isotope Kerne genannt. Die Masse der
Kerne ist gleich der Summe der Protonen- und Neutronenmassen,

vermindert um den Massendefekt, welcher das relativistische Massenäquivalent der Bindungsenergie darstellt.

Protonen und Neutronen haben wie die Elektronen einen Eigendrehimpuls und ein damit verbundenes magnetisches Moment. In den Atomkernen können sich die Drehimpulse und die magnetischen Momente dieser Elementarteilchen ganz oder teilweise kompensieren. Der resultierende Gesamtdrehimpuls und das resultierende gesamte magnetische Moment sind weitere Charakteristika jedes Kerns. Sie sind i.a. für isotope Kerne verschieden.

Als Spin I eines Kerns bezeichnet man die maximale in einer Raumrichtung beobachtbare Komponente des Drehimpulses, gemessen in Einheiten von $\hbar = h/2\pi$. Das magnetische Moment steht parallel oder antiparallel zum Drehimpuls. Kerne mit verschwindendem Spin haben kein magnetisches Moment. Als Einheit des magnetischen Moments von Kernen verwendet man gewöhnlich das Kernmagneton μ_N

$$\mu_N = \frac{e\hbar}{2m_p} = 5{,}051 \cdot 10^{-27} \, J/T \qquad (2.1)$$

(m_p = Protonenmasse, T = Tesla; $1T = 10^4$ Gauss)

Meist wird als magnetisches Moment μ eines Kerns die maximal in einer Raumrichtung beobachtbare Komponente angegeben. Als sog. g-Faktor eines Kerns wird definiert

$$g = \frac{\mu/\mu_N}{I} \qquad (2.2)$$

Wenn die Zahl der Protonen und die Zahl der Neutronen in einem Kern beide gerade sind (gg-Kern), so ist I = 0. Kerne mit ungerader Protonen- und Neutronenzahl (uu-Kerne) haben ganzzahligen Spin $I \neq 0$. ug- und gu-Kerne haben halbzahligen Spin.

Das elektrische Dipolmoment aller Kerne ist in bezug auf ihren Ladungsschwerpunkt aus Symmetriegründen gleich null.

Viele Kerne haben aber ein nicht verschwindendes elektrisches Quadrupolmoment, welches, wenn $\rho(r,\vartheta,\varphi)$ die Ladungsverteilung im Kern in den auf die Richtung des Drehimpulses bezogenen Polarkoordinaten r,ϑ,φ angibt, als

$$Q = \int \rho(r,\vartheta,\varphi)\, r^2(3\cos^2\vartheta-1)\, dV \qquad (2.2a)$$

definiert werden kann.

Wenn die Ladungsverteilung kugelsymmetrisch ist, folgt daraus $Q = 0$. Bei einer Ansammlung von Ladung an den Polen wird $Q > 0$, bei einer Ansammlung am Aequator $Q < 0$. Das Quadrupolmoment von Kernen mit Spin kleiner als 1 ist immer null.

In Tabelle 2.1 sind Eigenschaften einiger wichtiger Kerne aufgeführt.

<u>Tabelle 2.1</u> Eigenschaften einiger Atomkerne

Kern	natürliche Häufigkeit in %	Spin I in $\hbar$	magnetisches Dipolmoment in μ_N	elektrisches Quadrupolm. in $e\cdot 10^{-24}$ cm^2	$\gamma/2\pi$ in MHz/T
H^1	99,98	1/2	2,79270	0	42,577
H^2(D)	0,02	1	0,85738	$2,77\cdot 10^{-3}$	6,536
F^{19}	100	1/2	2,6273	0	40,055
P^{31}	100	1/2	1,1305	0	1,7235
N^{14}	99,6	1	0,40357	$7,1\cdot 10^{-2}$	3,076
C^{13}	1,12	1/2	0,70216	0	10,705
O^{17}	0,037	5/2	−1,8930	$-4\ \cdot 10^{-3}$	5,772
$O^{16}+O^{18}$	99,963	0	0	0	−
$C\ell^{35}$	75,4	3/2	0,82089	$-7,9\cdot 10^{-2}$	o 4,172

2.2 Kerne im Magnetfeld

Freie Kerne (Magnetfeld = 0) verhalten sich wie freie Rotatoren. Bei einem Spin I besitzen sie (vgl. Teil IV, Abschnitt 3.3) demnach (2I+1) entartete Zustände, welche sich nur im Erwartungswert der Drehimpulskomponente I_z in einer bestimmten Raumrichtung z unterscheiden. I_z kann die Werte

$$I_z = I, I-1, \ldots - (I-1), -I \tag{2.3}$$

haben. Mit dem Drehimpuls ist gemäss (2.2) ein magnetisches Moment $\mu = Ig\mu_N$ verbunden, dessen Komponente in z-Richtung

$$\mu_z = I_z g\mu_N \tag{2.4}$$

beträgt. Legt man nun in der Richtung z ein Magnetfeld H_K an, so wird die Entartung aufgehoben, indem die Energie

$$E = -\mu_z H_K = -I_z g\mu_N H_K \tag{2.5}$$

der vorher entarteten Zustände verschieden wird. Diese Niveau-Aufspaltung wird als Zeeman-Effekt bezeichnet. In Figur 2.1 sind die Verhältnisse für einen Kern mit I = 3/2 dargestellt.

Bei Kernresonanz-Experimenten beobachtet man Uebergänge zwischen diesen Zuständen. Für Uebergänge, bei denen $|\Delta I_z| > 1$, ist die Uebergangswahrscheinlichkeit null. Dieses Uebergangsverbot ergibt sich aus der quantenmechanischen Theorie. Beobachtet werden deshalb Uebergänge mit $\Delta I_z = -1$ (Absorption) und $\Delta I_z = +1$ (Emission). Die Frequenz der Strahlung, welche diese Uebergänge induziert, ergibt sich aus

$$h\nu = \Delta E = g\mu_N H_K$$

zu

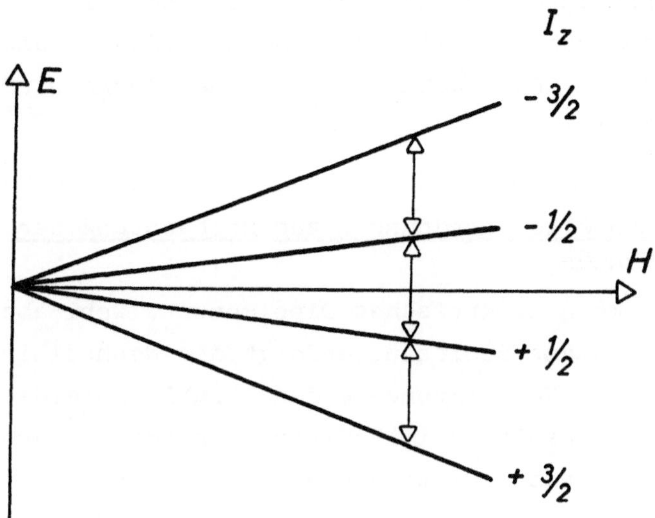

Figur 2.1 Energiezustände eines Kerns mit Spin 3/2 in
Abhängigkeit von der Stärke eines angelegten
Magnetfeldes

$$\nu = \frac{g\mu_N}{h} \; \frac{1}{2\pi} H_K = \frac{\gamma}{2\pi} H_K \qquad (2.6)$$

Die Grösse $\gamma = g\mu_N/h$ wird als gyromagnetisches Verhältnis
eines Kerns bezeichnet. Einige Werte von $\gamma/2\pi$ sind Tabelle
2.1 zu entnehmen. Man sieht, dass mit Magnetfeldern von
1-2 T, welche man relativ leicht erzeugen kann, die Absorptionsfrequenzen im Radiowellengebiet liegen.

Da die Energieunterschiede zwischen den verschiedenen Spin-
zuständen eines Kerns gemäss (2.6) wesentlich kleiner sind
als kT bei Raumtemperatur, wird der letzte Faktor in Gleichung (1.4) in guter Näherung

$$1 - e^{-(E_k''-E_k')/kT} \approx \frac{E_k''-E_k'}{kT} \qquad (2.7)$$

was bei mittleren Magnetfeldern von der Grössenordnung 10^{-5}
ist. Der Unterschied in den Besetzungszahlen zweier Niveaus

wird somit prozentual recht klein. Kernresonanzspektren sind
trotzdem beobachtbar, weil die Kerne nur (2I+1) Zustände
einnehmen können. Die Zustandssumme eines Kerns wird in diesem Fall $Z \approx 2I+1$.

2.3. Experimentelle Anordnungen zur Beobachtung der Kernresonanz

Da die Kerne kein elektrisches Dipolmoment, wohl aber ein
magnetisches Moment besitzen, erfolgt die Wechselwirkung mit
der magnetischen Feldkomponente des Strahlungsfeldes. Ein
magnetisches Wechselfeld im Radiofrequenzgebiet kann in einer
Spule erzeugt werden. Diese Spule, welche die zu untersuchende Probe enthält, wird in ein statisches Magnetfeld gebracht. Man kann die Resonanzstelle, bei welcher die Gleichung (2.6) erfüllt ist, entweder dadurch suchen, dass man
bei festem Magnetfeld H_K die Frequenz des Wechselfeldes
langsam ändert, oder dass man bei fester Frequenz ν das
Magnetfeld langsam verändert. Die zweite Methode wird aus
technischen Gründen häufiger angewendet.

Das Eintreten der Resonanz kann man ebenfalls in verschiedener Weise feststellen. Da bei Erfüllung von Gleichung (2.6)
Energie aus dem Wechselfeld in das Kernsystem übertragen
wird, werden an dieser Stelle die elektrischen Verluste in
der Spule grösser, was sich mit üblichen elektronischen
Mitteln nachweisen lässt (Figur 2.2).

Eine weitergehende Betrachtung der Magnetisierung des Kern-
systems zeigt, dass im Resonanzzustand senkrecht zum statischen Feld und senkrecht zum Wechselfeld ein magnetisches
Wechselfeld erzeugt wird. Dieses kann mit Hilfe einer
Empfängerspule nachgewiesen werden (Figur 2.3).

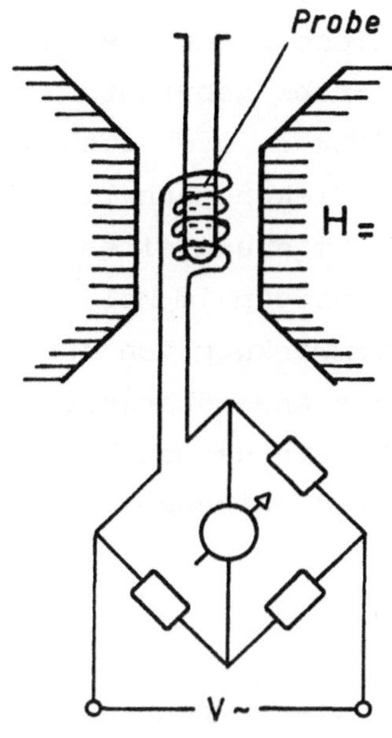

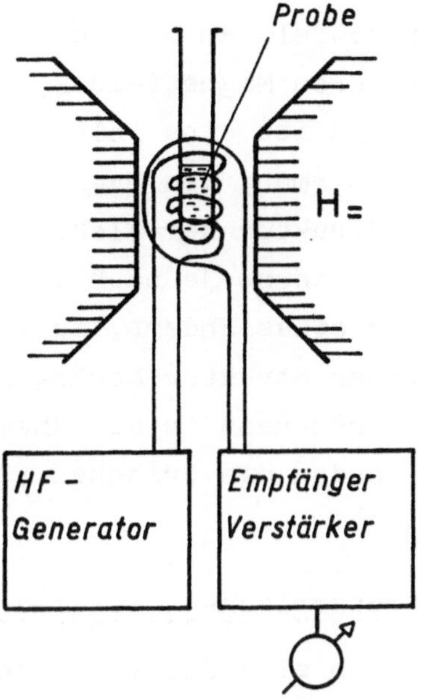

Figur 2.2

Schema einer Kernresonanz-
apparatur
(Absorptionsmethode)

Figur 2.3

Schema einer Kernresonanz-
apparatur
(Induktionsmethode)

Es ist ein Nachteil der beschriebenen Anordnungen, dass damit die Kernresonanzspektren nur langsam und punktweise ab-
getastet werden können. Daher wurden Methoden entwickelt,
bei welchen bei festem statischem Magnetfeld gleichzeitig
ein genügend breites Frequenzband eingestrahlt wird. Eine
geeignete Verarbeitung des entstehenden komplexen Signals
(Fourier-Transformation) liefert dann das gesuchte Spektrum.
Auf diese Weise ist es möglich, bei gleicher Versuchsdauer
die Empfindlichkeit wesentlich zu erhöhen. Man kann damit
auch Kernresonanzsignale relativ seltener Isotope wie C^{13}
an kleinen Proben erfassen.

2.4. Das Magnetfeld am Ort der Kerne

Das Magnetfeld am Ort der Kerne, H_K, ist nicht genau gleich
dem äusseren Magnetfeld H, in welches die Probe gebracht
wird. Dies ist eine Folge verschiedener Effekte, u.a. auch
der Abschirmung des Magnetfeldes durch die Elektronenhülle.
Da die Struktur der Elektronenhülle in der Umgebung eines
gegebenen Kerns je nach den Bindungsverhältnissen im Molekül sich etwas ändert, ist auch die Abschirmwirkung von der
chemischen Struktur abhängig. Damit wird die Anwendbarkeit
der Kernresonanz in der Chemie ersichtlich. Wir besprechen
im folgenden die Ursachen für den Unterschied zwischen H
und H_K.

a) Makroskopische Abschirmung

Gewöhnlich sind die verwendeten Proben und die Probenbehäl-
ter diamagnetisch. Die Feldlinien des äusseren Feldes werden
daher im Bereich der Probe etwas ausgelenkt, so dass das
Magnetfeld im Innern

$$H_i = (1 + \chi f) H \tag{2.8}$$

wird. χ ist die diamagnetische Suszeptibilität. Sie ist ne-
gativ und von der Grössenordnung 10^{-6}. f ist ein von der
Probenform abhängiger Faktor. Nur dann, wenn die Probe
ellipsoidförmig oder zylindrisch ist, hat f für jeden Ort
in der Probe den gleichen Wert, d.h. dann ist in einem
äusseren homogenen Feld das Feld in der Probe auch homogen.
Der Formfaktor f ist gewöhnlich von der Grössenordnung 1.
Bei der heute erreichten hohen Messgenauigkeit ist der Unterschied von H_i und H beim Vergleich von Resultaten von
Messungen in verschiedenen Lösungsmitteln wichtig.

b) Atomare Abschirmung

Das Magnetfeld H_i induziert in der Elektronenhülle der Atome
ein magnetisches Moment, welches zu einem entgegengesetzt zu

H_i gerichteten Zusatzfeld am Ort des Kerns Anlass gibt. Dies entspricht einer Abschirmung. In freien Atomen mit kugelsymmetrischer Elektronenhülle kann man nach Ramsey das abgeschirmte Feld H_K' näherungsweise zu

$$H_K' = (1-s) \, H_i \qquad (2.9)$$

berechnen. Der Abschirmfaktor s beträgt

$$s = 0,319 \cdot 10^{-4} \, Z^{4/3} \qquad (2.10)$$

Z ist die Kernladungszahl. Man erhält z.B. für H^1 $s = 3 \cdot 10^{-5}$, für F^{19} $s = 6 \cdot 10^{-4}$ und für P^{31} $s = 1,2 \cdot 10^{-3}$.

Im Molekül wird je nach Bindungszustand die Elektronenhülle der Atome mehr oder weniger gestört. Dies führt zu Aenderungen der Abschirmzahl in der Grössenordnung einiger Prozente. Bei einem äusseren Feld $H \approx 1$ T werden daher die Resonanzstellen von Protonen je nach dem Bindungszustand der H-Atome bei um grössenordnungsmässig 1 µT verschiedenen äusseren statischen Magnetfeldern gefunden, wenn die Frequenz des Wechselfeldes konstant gehalten wird.

c) <u>Zusatzfelder von Nachbarkernen</u>

Die Feldstärke eines magnetischen Dipols µ im Abstand r ist von der Grössenordnung

$$|\vec{H}_N| \approx \frac{\mu}{r^3} \qquad (2.11)$$

Da in den meisten Molekülen im Abstand von etwa 300 pm von einem untersuchten Proton weitere Protonen vorhanden sind, erzeugen diese Zusatzfelder von der Grössenordnung

$$|\vec{H}_N| \approx \frac{5 \cdot 10^{-27}}{27 \cdot 10^{-30}} \approx 0,2 \text{ mT} \qquad (2.12)$$

Dieser Betrag ist unabhängig vom äusseren Feld. Grösse und Richtung dieser Zusatzfelder hängen aber stark von der Orientierung des Moleküls gegenüber dem äusseren Feld ab, weil die magnetischen Momente der Nachbarkerne sich nach diesem richten.

Damit lässt sich schliesslich das Feld am Ort des Kerns schreiben als

$$\vec{H}_K = \vec{H}(1 + \chi f)(1 - s) + H_N \qquad (2.13)$$

In Molekülen kann die Grösse von s noch von der Orientierung zum Magnetfeld abhängen.

2.5. Durch Bindungselektronen vermittelte Wechselwirkung zwischen Kernspins (Fermi-Kontakt-Wechselwirkung)

Der Kernspin steht mit den Spins der Elektronenhülle in Wechselwirkung und beeinflusst deren räumliche Verteilung geringfügig. Diese Wirkung dehnt sich in Molekülen bis zu weiteren Kernen aus und führt damit zu einer Zusatzenergie, welche von der gegenseitigen Einstellung der Kernspins abhängt. D.h. die Kernspins werden durch Vermittlung der Elektronen gekoppelt. Da diese Wechselwirkung nicht von der Orientierung des Moleküls zum äusseren Magnetfeld abhängt, wird sie oft als isotrope Spin-Spin-Kopplung bezeichnet. Sie ist auch unabhängig von der Stärke des äusseren Magnetfeldes. Ihre Grösse entspricht gewöhnlich der Wirkung eines Magnetfeldes von etwa 1 bis 0.1 μT.

2.6. Abhängigkeit der Kernresonanzspektren von der Bewegung der Moleküle

Wir betrachten zunächst ein System von gleichen Molekülen, welche völlig ungeordnet (z.B. in einer Matrix) fixiert sind. Das Magnetfeld am Ort eines untersuchten Kerns wird wegen der Zusatzfelder der magnetischen Nachbarkerne je nach Orientierung (vgl. 2.12) in einem Bereich von etwa $\pm$ 0,5 mT um H_K' liegen. Untersucht man die Kernresonanz bei fester Frequenz, so findet man deshalb ein Signal, welches sich über einen Bereich des äusseren Magnetfeldes von etwa 1 mT ausdehnt. Abschirmeffekte und isotrope Spin-Spin-Kopplung werden daher in einem solchen System nicht beobachtbar sein.

Nun lassen wir die starre Matrix allmählich in eine niedrig viskose Flüssigkeit übergehen, wobei die gelösten Moleküle in ihrer Orientierung zum Magnetfeld immer beweglicher werden. Damit wird für jeden der untersuchten Kerne das Zusatzfeld H_N der magnetischen Nachbarkerne von der Zeit abhängig. Dies bewirkt, dass bei festem äusserem Feld die Resonanzfrequenz dieser Kerne zeitlich etwas variiert.

Wenn man die Variation dieser Frequenz verfolgen will, darf sie zeitlich nicht zu rasch vor sich gehen: Um eine Frequenz ν von einer Frequenz $\nu+\Delta\nu$ unterscheiden zu können, müssen sich die Zahlen der in der Messzeit τ gezählten Schwingungen n doch mindestens um 1 unterscheiden. Das bedeutet, dass τ mindestens so gross gewählt werden muss, dass

$$n \quad = \quad \tau\nu$$

$$n+1 \quad = \quad \tau(\nu+\Delta\nu) \ ,$$

also

$$\tau \quad = \quad \frac{1}{\Delta\nu} \tag{2.14}$$

gilt. Wenn die Variation der Resonanzfrequenz in viel kürzeren Zeiten als $1/\Delta\nu$ erfolgt, so kann man sie nicht mehr feststellen. Man misst dann einen zeitlichen Mittelwert der Frequenz, d.h. statt des breiten Signals ein scharfes. Dieser Fall liegt in niedrig viskosen Lösungen vor. Für Protonen ist z.B. für ΔH = 1 mT.

$$\Delta\nu = \frac{\gamma}{2\pi} \Delta H \approx 4{,}257 \cdot 10^4 \ \mathrm{s}^{-1}$$

und damit $\qquad (\Delta\nu)^{-1} \approx 2{,}5 \cdot 10^{-5}$ s.

Bei kleinen Viskositäten (z.B. Wasser bei Raumtemperatur $\eta = 10^{-2}$ Poise) liegen aber die für eine wesentliche Aenderung der Orientierung eines mittelgrossen gelösten Moleküls benötigten Zeiten um 10^{-10} s.

Es lässt sich nun zeigen, dass, wenn keine bevorzugte Richtung der Moleküle zum Magnetfeld besteht, der Mittelwert von $\vec{H}_N$ für jeden Nachbarkern verschwindet. In niedrig viskosen Lösungen misst man daher die Resonanzfrequenz in einem Feld H_K', welches gemäss (2.13) mit einer über alle Orientierungen gemittelten Abschirmkonstanten s zu berechnen und durch die über Bindungselektronen vermittelte Wechselwirkung zwischen Kernspins zu ergänzen ist.

In flüssiger Lösung werden daher die chemisch bedingten Unterschiede in den Abschirmkonstanten und die isotropen Spin-Spin-Wechselwirkungen beobachtbar.

2.7. Quadrupoleffekte

Man kann sich das elektrische Quadrupolmoment eines Kerns durch zwei getrennte antiparallele Dipole $\vec{\mu}_1$ und $\vec{\mu}_2 = -\vec{\mu}_1$ ersetzt denken, welche in der Drehimpulsachse liegen (vgl. Figur 2.4). Die Energie dieses Quadrupols ist dann

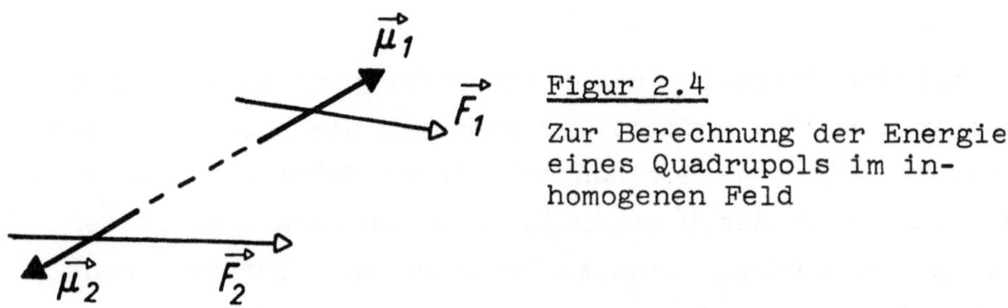

Figur 2.4

Zur Berechnung der Energie eines Quadrupols im inhomogenen Feld

$$E_Q \;=\; -\vec{\mu}_1\vec{F}_1 \;-\; \vec{\mu}_2\vec{F}_2 \;=\; \vec{\mu}_2(\vec{F}_1-\vec{F}_2) \tag{2.15}$$

wo $\vec{F}_1$ und $\vec{F}_2$ die durch die Elektronenhülle und die andern Kerne am Ort der Dipole $\vec{\mu}_1$ resp. $\vec{\mu}_2$ erzeugten elektrischen Felder bedeuten. Ist dieses Feld homogen, d.h. $\vec{F}_1 = \vec{F}_2$, so verschwindet E_Q in allen Lagen des Quadrupols zum Feld. Der Kern erfährt durch das Molekül keine Richtkraft und wird sich, wie immer es sich in der Lösung drehen mag, nach dem angelegten Magnetfeld richten. Sitzt jedoch der Kern an einer Stelle, wo das elektrische Feld im Molekül inhomogen ist und einen Feldgradienten besitzt, so wird gemäss (2.15) seine Energie von der Orientierung gegenüber dem Molekül-skelett abhängig. Bei der Rotationsbewegung des Moleküls wird er in seiner Orientierung zum äusseren Magnetfeld oft gestört und wechselt daher oft seine Orientierung. Dadurch ändert sich aber die isotrope Spin-Spin-Kopplungsenergie zu andern Kernen ebenfalls sehr häufig (ca. 10^3-10^5 mal pro s). Da die durch diese Wechselwirkung bedingte Frequenz-aufspaltung von der Grössenordnung 10 Hz ist, wird man, wie im vorhergehenden Abschnitt erklärt, nur den Mittel-wert (= 0) der isotropen Spin-Spin-Kopplungsenergie mit einem Kern, der ein Quadrupolmoment aufweist, messen. Des-halb findet man in Kernresonanzspektren i.a. keine isotrope Spin-Spin-Kopplung mit Kernen, welche ein Quadrupolmoment besitzen.

Solche Verhältnisse findet man besonders häufig bei den Iso-topen von Cℓ und Br. Diese Kerne besitzen Quadrupolmomente und befinden sich, weil die Halogene nur _eine_ Bindung ein-gehen, an einer Stelle, wo der Feldgradient aus Symmetrie-gründen nicht verschwindet. Das Quadrupolmoment des Deute-riums-Kernes ist so klein, dass die Ausmittelung der Spin-Spin-Kopplung oft unvollständig ist.

In Abwesenheit eines äusseren Magnetfeldes haben Kerne mit Quadrupolmoment im inhomogenen elektrischen Feld der

Elektronenhülle und der andern Kerne charakteristische
Energiezustände. Die Energiedifferenzen können dann aus den
sog. Kernquadrupolresonanzspektren (NQR) abgelesen werden.
Solche Spektren werden an festen Proben aufgenommen. Sie
ermöglichen die Feststellung der Feldgradienten am Ort der
Kerne und daraus Rückschlüsse auf die räumliche Elektronen-
verteilung in ihrer näheren Umgebung. Die $^{35}C\ell$-Kernquadru-
polabsorptionen liegen gewöhnlich in der Umgebung von
30 MHz.

2.8. Kernresonanzspektren in flüssiger Lösung

Man kann von allen Kernen, die ein magnetisches Moment besitzen, Kernresonanzspektren erhalten. Besonders geeignet
sind solche mit Spin 1/2 und einem grossen gyromagnetischen
Verhältnis (z.B. H^1, F^{19}), da dann die Aufspaltung der Energiezustände durch erreichbare Magnetfelder (2-3 T mit kon-
ventionellen Magneten, 8 T mit supraleitenden Magneten)
gross wird, was sich in einer stärker verschiedenen thermischen Besetzung der Zustände auswirkt. Dadurch wird die
Empfindlichkeit vergrössert. Oft haben nur einzelne Isotope
eines Elements magnetische Kerne. Sofern diese Isotope nicht
zu selten sind, lassen sich auch damit Kernresonanzsignale
erhalten, wobei allerdings die Empfindlichkeit entsprechend
herabgesetzt ist, wenn nicht an den interessierenden Isotopen
angereicherte Verbindungen eingesetzt werden. Bisher wurde
die grösste Zahl von Kernresonanzexperimenten an Protonen
ausgeführt. In den letzten Jahren sind dank der technischen
Entwicklung Untersuchungen an C^{13} in natürlicher Häufigkeit
(1,12 %) möglich geworden, was besonders für die organische
Chemie wichtig ist. Wir besprechen im folgenden einige typische Situationen.

a) <u>Molekül mit einem magnetischen Kern; die übrigen Kerne</u>
   <u>haben kein magnetisches Moment</u>

Hält man die Messfrequenz ν_0 konstant, so würde man an freien
Kernen das Resonanzsignal bei einem Magnetfeld $H_f = \dfrac{2\pi}{\gamma}\,\nu_0$
beobachten. Infolge der makroskopischen und der molekularen
Abschirmung muss man bei Beobachtung der Verbindung in
Lösung das äussere Feld gegenüber H_f etwas erhöhen, um die
Resonanzbedingung zu erfüllen. Da man freie Kerne nicht be-
obachten kann und deshalb für keine Verbindung die absoluten
Abschirmfaktoren experimentell genau kennt, ist es vorzuzie-
hen, die Abschirmung gegenüber einer im gleichen Lösungsmit-
tel mit gleicher Probenform aufgenommenen Referenzsubstanz
zu messen. Man kann dann den Unterschied in der molekularen
Abschirmung durch den Unterschied der Resonanzmagnetfelder
H_{ref}-H erfassen. Gemäss (2.13) ist dieser Unterschied

$$H_{ref}-H \;=\; \frac{H_f}{1+\chi f}\left(\frac{1}{1-\bar{s}_{ref}}-\frac{1}{1-\bar{s}}\right) \;\approx\; \frac{H_f}{1+\chi f}\left(\bar{s}_{ref}-\bar{s}\right) \qquad (2.16)$$

proportional dem äusseren Magnetfeld. Da χf nur ca. 10^{-6} beträgt, definiert man die sog. chemische Verschiebung als

$$\delta \;=\; \frac{H_{ref}-H}{H_f} \;\approx\; \frac{H_{ref}-H}{H_{ref}} \;=\; \bar{s}_{ref}-\bar{s} \qquad (2.17)$$

Sie ist ein Mass für den Unterschied in der Abschirmung der
betrachteten Kerne in der untersuchten und der Referenzsubstanz. Die Werte von δ liegen meist in der Grössenordnung
einiger 10^{-6} und werden daher oft in "parts per million" =
ppm angegeben. Für eine zuverlässige Bestimmung von δ
mischt man nach Möglichkeit die Referenzsubstanz der zu untersuchenden Lösung bei und misst den Feldunterschied der
beiden im Spektrum erscheinenden Signale.

Die chemische Verschiebung ist für die Umgebung des Kerns im
Molekül charakteristisch und kann daher zur Bestimmung der

Konstitution herangezogen werden. Figur 2.5 zeigt den empirisch gefundenen Zusammenhang zwischen der chemischen Verschiebung von Protonen und ihrer Umgebung im Molekül.

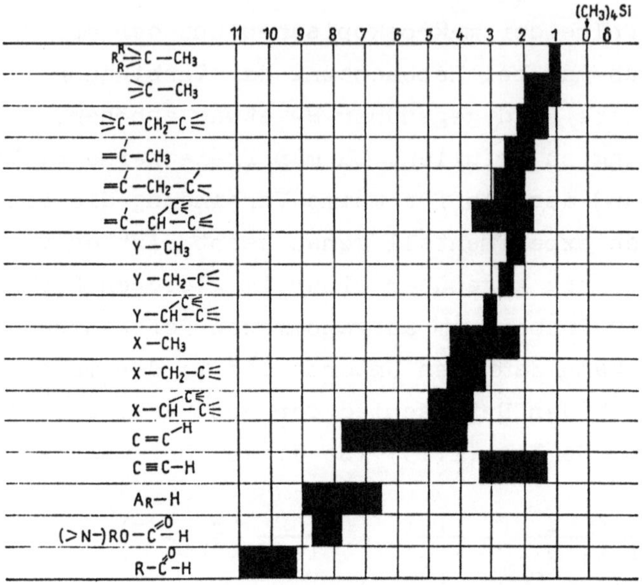

Figur 2.5   Chemische Verschiebung von Protonen in ppm relativ zu $\delta = 0$ für $(CH_3)_4Si$ (= TMS)

b) Molekül mit einem Proton A und einem andern Kern X mit Spin 1/2

Wir nehmen an, dass die Protonenresonanz bei einem festen Magnetfeld beobachtet werde. Zufolge der isotropen Spin-Spin-Wechselwirkung wird die Energie des Spinsystems etwas verschieden, je nachdem der Kern X die gleiche oder die entgegengesetzte z-Komponente des Drehimpulses besitzt. Gemäss Figur 2.6 führt dies zu einer Aufspaltung der Energiezustände des Kerns A im Magnetfeld. Da bei Uebergang zwischen den Spinzuständen des Protons sich der Spinzustand des Kerns X kaum gleichzeitig ändert, werden nur die in Figur 2.6 eingezeichneten Uebergänge mit merklicher Intensität beobachtet.

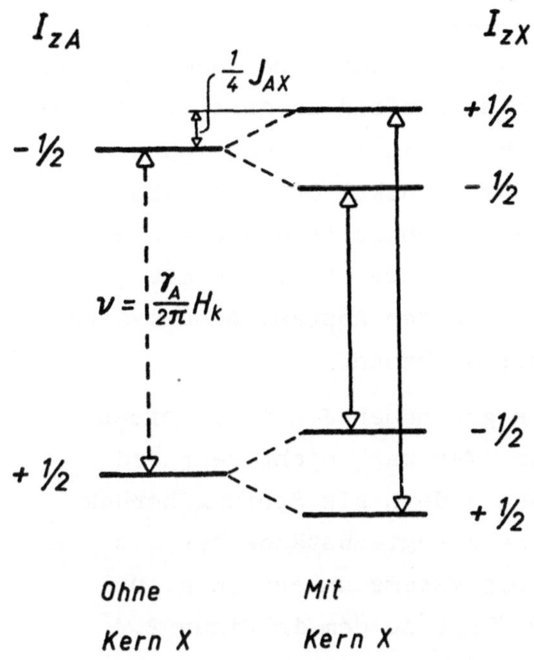

Figur 2.6
Zustände im System AX

In diesem Fall gibt das Proton somit zu zwei Linien Anlass, von denen die eine um die Frequenz $\frac{1}{2} J_{AX}$ tiefer und die andere um $\frac{1}{2} J_{AX}$ höher liegt als die eine Linie, welche bei Abwesenheit des Kerns X erwartet würde. Die chemische Verschiebung entspricht somit der Mitte zwischen den beiden Komponenten des beobachteten Dubletts.

Die Kopplungskonstante J_{AX} hängt von der gegenseitigen Lage der Kerne A und X im Molekül ab. Sie ist i.a. zwischen Kernen, die durch drei und weniger Bindungen voneinander getrennt sind, gut beobachtbar. In vielen Fällen wurden aber auch Spin-Kopplungskonstanten zwischen weiter entfernten Kernen festgestellt. Eine grosse Zahl von Erfahrungswerten solcher Kopplungskonstanten an bekannten Verbindungen kann bei der Aufklärung unbekannter Strukturen verwendet werden.

c) Molekül mit zwei Protonen A und B

Solange die beiden Protonen stark verschiedene chemische Verschiebungen δ besitzen und das Magnetfeld so gross ist, dass der Frequenzunterschied $\Delta\nu = \frac{\gamma}{2\pi}(\delta_A - \delta_B)H$ wesentlich grösser als die in Frequenzeinheiten ausgedrückte Spin-Spin-Kopplungskonstante J_{AB} ist, sind die Verhältnisse ähnlich wie beim System AX. Man beobachtet dann zwei Dubletts mit gleicher Aufspaltung J_{AB}, deren Mitten den Abstand $\Delta\nu$ und deren Komponenten die gleiche Intensität haben.

Wenn $\Delta\nu$ nicht mehr sehr gross gegenüber J_{AB} ist, werden die Verhältnisse komplizierter. Man kann nicht mehr jeden Kern einzeln betrachten und den andern als Störung berücksichtigen, sondern man muss die Energiezustände des aus den beiden Protonen bestehenden Spinsystems untersuchen. Die quantenmechanische Berechnung führt zu dem in Figur 2.7 dargestellten Resultat, welches durch die Beobachtungen bestätigt wurde.

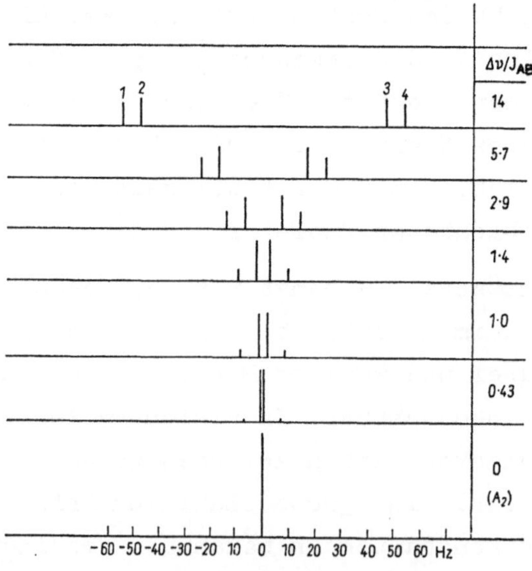

Figur 2.7 AB-Spektrum für verschiedene Werte von $\Delta\nu/J_{AB}$
(J_{AB} = 7 Hz)

Je kleiner $\Delta\nu/J_{AB}$, desto mehr werden die Intensitäten der Dublettkomponenten verschieden. Bei $\Delta\nu = 0$, d.h. wenn die chemischen Verschiebungen der beiden Protonen gleich sind, beobachtet man nur noch ein Signal. Gleiche chemische Verschiebung findet man bei <u>chemisch äquivalenten</u> Protonen.

Die Intensität eines solchen einfachen Signals, welches zwei chemisch äquivalenten Protonen entspricht, ist doppelt so gross wie die Intensität eines Signals, das von einem Proton verursacht wird.

d) <u>Molekül mit einer Methylgruppe und einem zusätzlichen Proton</u>

Wir behandeln den Fall, wo die chemische Verschiebung gross ist gegenüber der Spin-Spin-Kopplung zwischen dem Proton und den Protonen der Methylgruppe. Als Beispiel eignet sich Acetaldehyd $H_3C-C\overset{H}{\underset{O}{\diagdown}}$.

Da die Methylgruppe sehr häufig durch Rotation um die C-C-Bindung von einer Gleichgewichtsstellung in die andere springt, beobachtet man den Mittelwert der an sich verschiedenen chemischen Verschiebungen der Methylprotonen mit dem Aldehydproton (B). Die drei Methylprotonen sind daher als chemisch äquivalent zu betrachten (A_3). Weil ihre Spin-Spin-Kopplung mit dem Aldehydproton durch diese Bewegung gemittelt wird, sind sie auch als <u>magnetisch äquivalent</u> zu betrachten.

In Abwesenheit des Aldehydprotons würden sie zu <u>einem</u> Signal Anlass geben. Wegen der gemittelten Spin-Spin-Kopplung J_{AB} mit dem Aldehydproton wird diese Linie jedoch in ein Dublett mit Abstand J_{AB} aufgespaltet. Umgekehrt spalten die Methylprotonen das Signal des Aldehydprotons auf. Dabei ist zu berücksichtigen, dass die folgenden $2^3 = 8$ Kombinationen des Spins der Methylprotonen möglich sind:

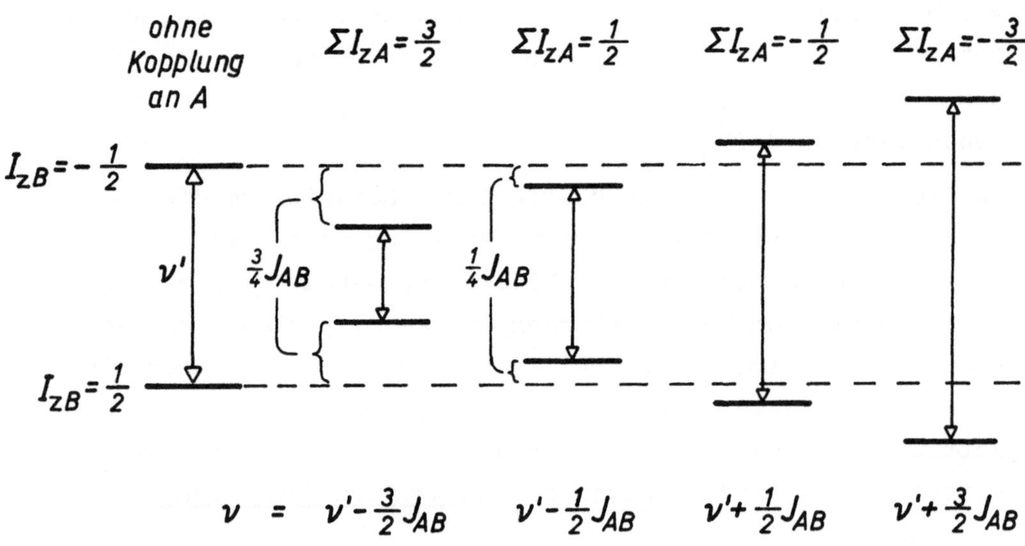

Die Energiezustände in den verschiedenen Fällen ergeben sich aus Figur 2.8.

Figur 2.8 Multiplett-Aufspaltung infolge Spin-Spin-Kopplung mit drei chemisch und magnetisch äquivalenten Protonen

Man erkennt, dass eine Aufspaltung in ein äquidistantes Quartett zu erwarten ist, wobei der Abstand der Komponenten J_{AB} beträgt. Da für die Zustände $\sum I_{zA} = \pm \frac{3}{2}$ nur eine, für die Zustände $\sum I_{zA} = \pm \frac{1}{2}$ jedoch je drei Realisierungsmöglichkeiten

bestehen, verhalten sich die Intensitäten der Quartettkomponenten wie 1:3:3:1. Bei Wechselwirkung mit einem Kern mit Spin 3/2 würde man, wenn seine Quadrupolwechselwirkung mit der Umgebung genügend klein ist, im Unterschied dazu ein Quartett mit den Intensitätsverhältnissen 1:1:1:1 erwarten.

Figur 2.9 zeigt das beobachtete Spektrum von Acetaldehyd.

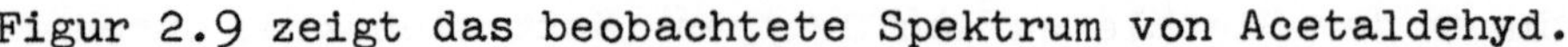
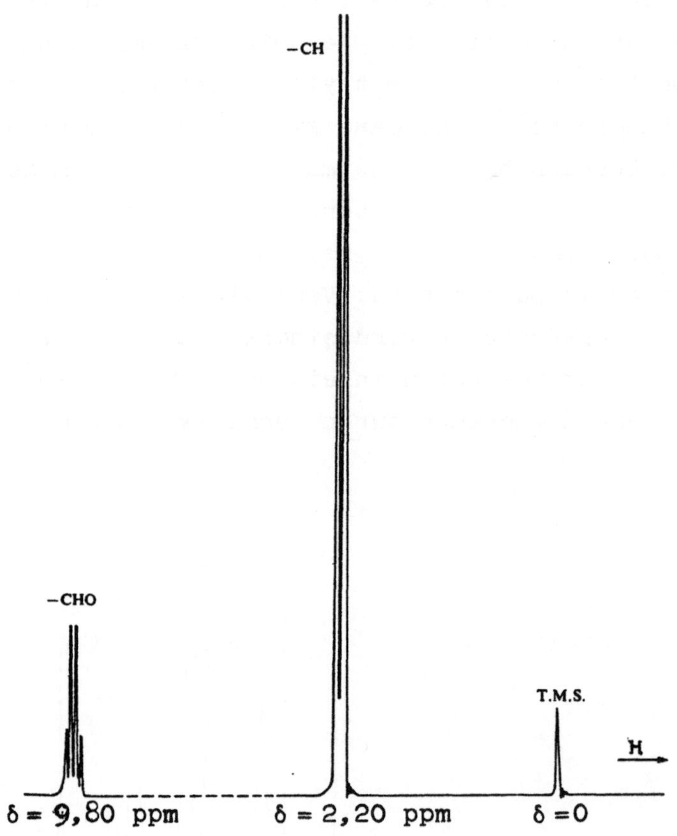

Figur 2.9   Kernresonanzspektrum von Acetaldehyd aufgenommen bei 60 MHz. Referenzsubstanz Tetramethylsilan (TMS)

e) Das Kernresonanz-Spektrum von Aethanol

Infolge der raschen Lagewechsel der Protonen durch Drehung
um die C-C- und C-O-Bindungen kann man je eine Gruppe von
drei chemisch und magnetisch äquivalenten Methylprotonen,
zwei $>CH_2$-Protonen und das -OH-Proton unterscheiden. Die
Zuordnung der Signale zu den Gruppen lässt sich z.B. durch
Integration über die einzelnen Multipletts treffen. Das
Integral ist proportional zur Zahl der in einer Gruppe vorhandenen Protonen. Jede Gruppe ist durch ihre chemische
Verschiebung charakterisiert. Die Spin-Spin-Kopplung zwischen dem OH-Proton und den Methylprotonen ist infolge des
grossen Abstandes so klein, dass sie im Spektrum nicht er-
kennbar ist. Deshalb beobachtet man in sehr reinem Aethanol,
dass die Resonanzen des OH-Protons und der Methylprotonen
infolge Wechselwirkung mit den beiden $>CH_2$-Protonen je in
ein Triplett aufgespalten sind. Vergleiche Figur 2.10. Die
Resonanz der $>CH_2$-Protonen wird einerseits durch die Wechselwirkung mit dem OH-Proton in ein Dublett aufgespalten,
von welchem jede Komponente durch Wechselwirkung mit den

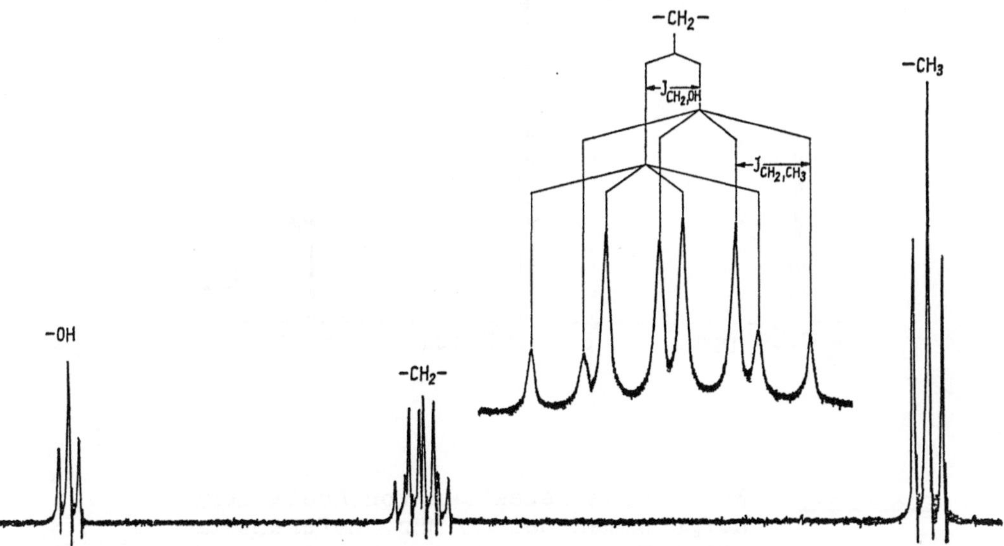

<u>Figur 2.10</u> Kernresonanzspektrum von sehr reinem Aethanol
(100 MHz)

Methylprotonen zu einem Quartett wird, wodurch insgesamt
8 Komponenten entstehen, wie in Figur 2.10 verdeutlicht.

Ist das Aethanol feucht oder enthält es etwas Säure, so
tritt ein rascher Austausch des OH-Protons mit der Umgebung
ein. Die Aufenthaltsdauer eines Protons bei einem Molekül
ist dann nicht mehr so lang, dass die durch seinen Spin in
der $>CH_2$-Protonenresonanz bewirkte Aufspaltung und die Aufspaltung seines Signals unter dem Einfluss der $>CH_2$-Proto-
nen beobachtbar sind.

Das Spektrum vereinfacht sich daher zu dem in Figur 2.11
dargestellten.

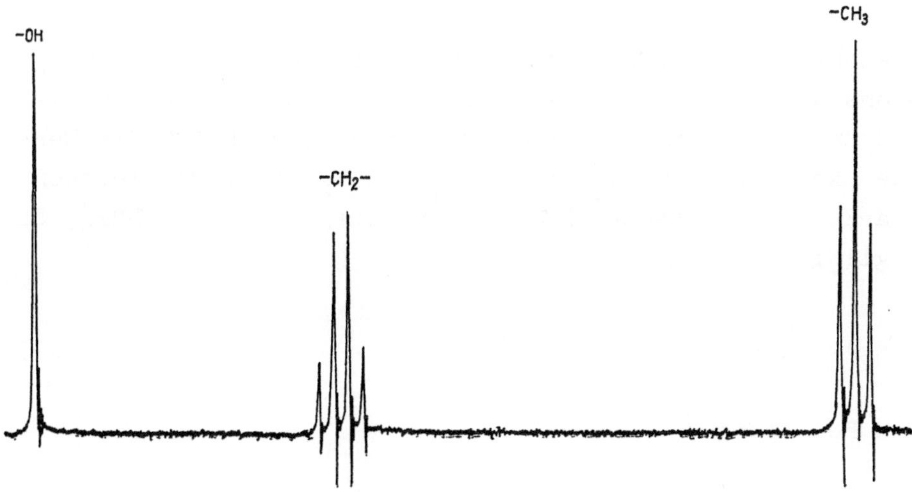

Figur 2.11 Kernresonanzspektrum von Aethanol, dem eine
Spur Säure zugemischt wurde (100 MHz)

2.9. Signalform und kinetische Phänomene

Ueber das Studium der Signalform eines NMR-Spektrums kann
wichtige Einsicht in das dynamische Verhalten eines Moleküls
erhalten werden (Isomerisierungen, konformative Aenderungen
etc.). Wir betrachten dazu ein System, das thermisch akti-
vierte strukturelle Veränderungen erleidet, wobei die Gleich-
gewichtspartner ein verschiedenes NMR-Spektrum (im eingefro-

renen Zustand) zeigen, mit der chemischen Verschiebung $\Delta\nu$ zwischen zwei charakteristischen Signalen. Aus dem Heisenberg'schen Unschärfeprinzip (vgl. Teil IV, Abschnitt 1.3.) folgt, dass für die temperaturbedingte Lebenszeit τ einer der Strukturen ihre Energiezustände nur innerhalb einer Unschärfe von $\Delta E \sim \hbar/\tau$ festgelegt sind. Bei der sog. Koaleszenz-Temperatur T_1, wo diese Energieunschärfe der Energiedifferenz $\Delta E = h\Delta\nu$ zwischen den beiden getrennten charakteristischen Signalen vergleichbar wird, verschwinden diese und eine einzige breite Bande wird bei einer mittleren Frequenz beobachtet. Für die Lebenszeit einer Struktur unter diesen Bedingungen folgt somit:

$$\tau \lesssim 1/2\pi\Delta\nu \tag{2.18}$$

Bei bekanntem $\Delta\nu$ (tiefe T) folgt τ und damit die Geschwindigkeitskonstante $k(T) = \tau^{-1}$ des Prozesses. Kann $\Delta\nu$ aus praktischen Gründen selber nicht bestimmt werden, so hilft die Messung der Koaleszenz-Temperaturen T_1 und T_2 bei verschiedenen Feldstärken (verschiedene NMR-Spektrometer) MHz_1 und MHz_2, da dafür gilt:

$$\Delta\nu \; (MHz_2) = \frac{MHz_2}{MHz_1} \cdot \Delta\nu(MHz_1) \tag{2.19}$$

Mit den Beziehungen

$$\tau(T_1) = 1/2\pi\Delta\nu(MHz_1)$$

$$\tau(T_2) = 1/2\pi\Delta\nu(MHz_2) = 1/2\pi\Delta\nu(MHz_1) \cdot \frac{MHz_2}{MHz_1} \tag{2.20}$$

erhält man somit

$$\frac{k(T_2)}{k(T_1)} = \frac{MHz_1}{MHz_2} \tag{2.21}$$

Obiger Quotient liefert über die Arrhenius-Beziehung (vgl. Teil II, Abschnitt 6.1.) die Aktivierungsenergie des Prozesses.

Dieser Einsatz der NMR-Spektroskopie kommt für chemische
Prozesse in Frage, deren Geschwindigkeitskonstanten zwischen
$1 - 10^3.s^{-1}$ liegen.

Als Beispiel diene Dimethylacetamid, wo die Rotation um die
C-N-Bindung gehindert ist.

$$CH_3\diagdown C \text{---} N \diagup CH_3 \;(2)$$
$$O \diagdown\diagdown \qquad \diagdown CH_3 \;(1)$$

Die Methylgruppen (1) und (2) sind chemisch nicht äquivalent
und werden bei tiefer Temperatur, wo ihre Vertauschung durch
Rotation um die C-N-Bindung selten ist, zu zwei chemisch
verschobenen Signalen im Abstand $\Delta\nu$ Anlass geben. Mit steigender Temperatur wird die Austauschhäufigkeit immer grösser.
Wenn die Aufenthaltsdauer τ in einer Stellung klein gegenüber $1/\Delta\nu$ geworden ist, beobachtet man nur noch ein gemittel-
tes Signal.

Die Aufspaltung eines Signals infolge Spin-Spin-Kopplung mit
einem chemisch nicht äquivalenten Nachbarkern kann auch dadurch zum Verschwinden gebracht werden, dass man gleichzeitig
durch Einstrahlen der Resonanzfrequenz des Nachbarkerns diesen zu sehr häufigen Uebergängen zwischen Spin-Zuständen an-
regt. Dadurch wird die Spin-Spin-Kopplung ausgemittelt.
Dieses als _Doppelresonanzexperiment_ bekannte Verfahren wird
bei komplizierteren Spektren oft zur Zuordnung der Signale
zu verschiedenen Kernen und zur Bestimmung ihrer gegenseitigen Lage im Molekül angewendet.

3. Elektronenspinresonanz

Literatur:

1. J.E. Harriman, Theoretical Foundations of Electron Spin Resonance, Acad. Press (1978).
2. W. Gordy, Theory and Applications of Electron Spin Resonance, Wiley-Interscience (1980).
3. C.P. Poole, Electron Spin Resonance, Wiley-Interscience (1982).
4. M.C. Symons, Chemical and Biochemical Aspects of Electron Soin Resonance Spectroscopy, Halsted Press (1978).
5. Y.N. Molin, Spin Exchange: Principles and Applications in Chemistry and Biology, Springer (1980).
6. F. Gerson, Hochauflösende ESR-Spektroskopie, Verlag Chemie (1967).

3.1. Freies Elektron im Magnetfeld

Das Elektron hat den Spin 1/2. Die maximal in einer Raumrichtung beobachtbare Komponente des magnetischen Momentes beträgt

$$\mu_{el} = 1,00116 \; \mu_B$$
$$= 9,28339 \cdot 10^{-24} \; J/T \qquad (3.1)$$

μ_B ist das Bohrsche Magneton

$$\mu_B = \frac{e\hbar}{2m_{el}} = 9,27313 \cdot 10^{-24} \; J/T \qquad (3.2)$$

(m_{el} = Elektronenmasse).

Beim Elektron weist das magnetische Moment in die Gegenrichtung des Drehimpulsvektors. Als g-Faktor des Elektrons wird daher der negative Quotient des magnetischen Moments in Einheiten μ_B und seines Spins definiert. Demnach ist

$$g_{el} = - \frac{-1,00116}{1/2} = 2,00232$$

In einem Magnetfeld H in z-Richtung kann der Spin die Komponenten $M = \frac{1}{2}$ oder $M = -\frac{1}{2}$ annehmen. Im ersten Fall ist die

Energie

$$E_{1/2} = -\mu_{el\,z}H = +\frac{1}{2}g_{el}\mu_B H \,, \tag{3.3}$$

im zweiten Fall

$$E_{-1/2} = -\frac{1}{2}g_{el}\mu_B H \tag{3.4}$$

Der Energieunterschied zwischen diesen beiden Zuständen ist h mal die Frequenz ν eines magnetischen Wechselfeldes, durch welches Uebergänge induziert werden. Daher gilt für die Resonanzfrequenz ν

$$\nu = \frac{g_{el}\mu_B H}{h} = \frac{\gamma_{el}}{2\pi}H \tag{3.5}$$

Das gyromagnetische Verhältnis des Elektrons wird somit

$$\frac{\gamma_{el}}{2\pi} = \frac{g_{el}\mu_B}{h} = 28{,}05 \ \text{GHz/T} \tag{3.6}$$

Die Resonanzfrequenz liegt bei einem Magnetfeld von 0,35 T demnach bei 9,8 GHz. Dies entspricht einer Wellenlänge von etwa 3 cm und liegt im Mikrowellengebiet.

In Molekülen sind die Elektronenspins nicht mehr ganz frei. Sie stehen in Wechselwirkung mit ihrer Bahnbewegung und mit den magnetischen Momenten der Kerne, was, wie später besprochen, zu Veränderungen des g-Faktors und zu Aufspaltungen der Resonanzlinien führt. Die an freien Radikalen beobachtbaren Resonanzlinien liegen aber trotzdem in der Nähe der genannten Frequenz.

3.2. Experimentelles

Mikrowellen werden meist in sog. Klystrons erzeugt. Dies sind Elektronenröhren, welche gleichzeitig als Resonatoren wirken. Die Schwingungen werden durch einen Elektronenstrahl angefacht, welcher dann durch die entstehenden elektrischen Felder periodisch moduliert wird und dadurch zu weiterer Amplitudenerhöhung Anlass gibt. Die Frequenz lässt sich durch mechanische Verformung des Resonators um ca. 10 % verändern. Durch Anpassung der Betriebsspannung ist eine weitere Abstimmung im Bereich von ca. 1 ‰ möglich.

Mikrowellenenergie kann man nicht durch die üblichen Kabel und Drähte fortleiten, weil sie sofort abgestrahlt würde. Man verwendet daher Hohlleiter, in welchen sich die Welle fortpflanzen kann.

Die Probe befindet sich in einem an einen solchen Hohlleiter angeschlossenen Resonanzraum (Kavität) an einer Stelle, wo die Amplitude der magnetischen Komponente der darin erzeugten stehenden Welle maximal ist und wo die elektrische Komponente klein ist. Dadurch werden, besonders bei Verwendung polarer Lösungsmittel, die dielektrischen Verluste vermindert. Die Kavität liegt zwischen den Polen eines Elektromagneten. Wenn das äussere Magnetfeld zusammen mit der Mikrowellenfrequenz die Resonanzbedingung erfüllt, wird Energie absorbiert, was mit aus Hohlleiterelementen bestehenden Brückenschaltungen empfindlich nachgewiesen werden kann. Als Detektoren für Mikrowellen benützt man meist Halbleiter-Dioden.

Weil man niederfrequente Signale an diesen Dioden schlecht verstärken kann, überlagert man dem konstanten äusseren Magnetfeld meist ein kleines hochfrequentes Wechselfeld. Dies führt dazu, dass das Ausgangssignal dann gross ist, wenn sich die Absorption im Bereich des Ueberlagerungsfeldes stark ändert, was bedeutet, dass das phasenempfindlich gleichgerichtete Ausgangssignal der ersten Ableitung der Absorptionskurve proportional ist (vgl. Figur 3.1).

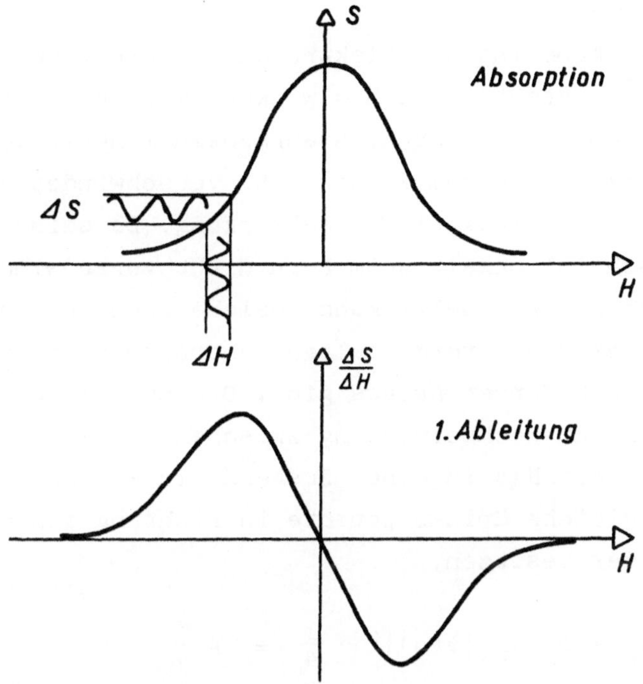

Figur 3.1   Zur Entstehung der Signalform bei der
Elektronenspinresonanz

Mit modernen Elektronenspinresonanz-Spektrometern können
sehr kleine Mengen von freien Radikalen nachgewiesen werden.
Wenn die Breite der Linien um 5 µT ist, wie man es bei
vielen Radikalen in flüssiger Lösung findet, müssen sich
mindestens etwa $2 \cdot 10^9$ Radikale in der Probe befinden, deren
Volumen meist etwa 0,2 cm^3 beträgt. Dies entspricht einer
etwa $2 \cdot 10^{-11}$ M Lösung. Die Nachweisgrenze verläuft ungefähr
proportional zur Linienbreite und zur Anzahl der Linien.

3.3. Das Elektronenspinresonanz-Spektrum von atomarem Wasserstoff

Im Wasserstoff-Atom ist der Elektronenspin nicht mehr vollständig frei; er steht in Wechselwirkung mit dem Proton. Im Grundzustand, wo die Aufenthaltswahrscheinlichkeit des Elektrons kugelsymmetrisch zum Proton ist, verschwindet zwar die magnetische Dipol-Dipol-Wechselwirkung. Da seine Aufenthaltswahrscheinlichkeit beim Kern nicht verschwindet, besteht jedoch die Wechselwirkung, welche auch zu der durch die Bindungselektronen vermittelten isotropen Spin-Spin-Kopplung zwischen Kernen Anlass gibt. Die Energie E_F dieser sog. Fermi-Kontakt-Wechselwirkung zwischen einem Proton und einem Elektron beträgt in einem Zustand, in welchem beide Teilchen die gleiche Spinkomponente in Richtung des äusseren Magnetfeldes besitzen,

$$E_F = \frac{8\pi}{3} g_P \mu_N \cdot g_{el} \mu_B \ |\psi(o)|^2 \cdot \frac{1}{4} = A \frac{1}{4} \qquad (3.7)$$

Dabei bedeuten g_P und g_{el} die g-Faktoren des Protons bzw. Elektrons, μ_N das Kernmagneton und μ_B das Bohrsche Magneton. $\psi(o)$ ist die Wellenfunktion des Elektrons am Ort des Kerns. Bei antiparalleler Einstellung der Spins wird $E_F = - A \frac{1}{4}$. Die Grösse A lässt sich für das Wasserstoffatom im Grundzustand berechnen, da

$$\psi(r) = \frac{1}{\sqrt{\pi a_0^3}} \ e^{-\frac{r}{a_0}} \qquad (3.8)$$

bekannt ist (a_0 = 52,9 pm = Bohrscher Radius). Durch Einsetzen in (3.7) erhält man A = $9,43 \cdot 10^{-25}$ J. Diese Energie entspricht der Aufspaltung der Energiezustände eines freien Elektrons in einem Magnetfeld von $H = \dfrac{A}{g_{el} \mu_B} =$ 50,8 mT oder einer Frequenz von ν = 1,424 GHz.

Die Energiezustände des H-Atoms in einem Magnetfeld sind damit gemäss Figur 3.2 zu ermitteln. Weil das Proton mit

dem Magnetfeld wegen seines viel kleineren magnetischen
Moments nur eine wesentlich kleinere direkte Wechselwirkung
eingeht, wird diese hier gegenüber der Wechselwirkung mit
dem Elektronenspin vernachlässigt.

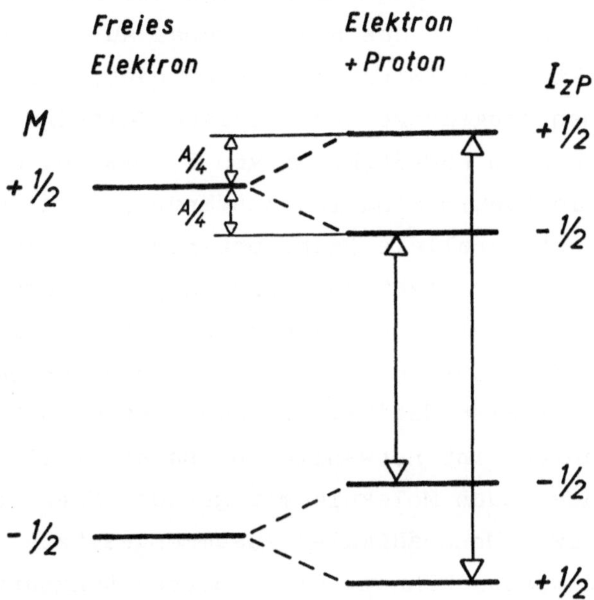

Figur 3.2   Zum ESR-Spektrum von H-Atomen

Wie in Figur 3.2 angedeutet, sind im ESR-Spektrum nur diejenigen Uebergänge zu erwarten, bei denen der Kern den Spin
nicht gleichzeitig mit dem Elektronenspin verändern muss.
Man beobachtet tatsächlich im ESR-Spektrum von H-Atomen
zwei Signale im Abstand A, d.h. bei fester Messfrequenz im
Abstand 50,8 mT. Die Signale liegen symmetrisch zum Feld,
bei dem die Resonanz eines freien Elektrons eintreten würde.

Diese Signalaufspaltung wird als Hyperfeinstruktur bezeichnet, obschon sie nicht klein ist. Der Ausdruck stammt aus
der Atomspektroskopie im Ultravioletten, wo sich die Wechselwirkung mit den Kernspins in sehr kleinen Aufspaltungen

von Spektrallinien manifestiert. Er wurde für jede durch
Atomkerne verursachte Aufspaltung von Linien beibehalten.

Bildet man das negative Wasserstoffion H^-, so besetzen die
beiden Elektronen im Grundzustand das 1s-Orbital mit ent-
gegengesetzten Spins. Im Magnetfeld wird der Energiegewinn
des einen Elektrons durch das andere genau aufgehoben. Auch
die Fermi-Kontakt-Wechselwirkung verschwindet, weil die
beiden Elektronen entgegengesetzt gleiche Beiträge liefern.
Man kann deshalb kein ESR-Spektrum von H^- messen. Ganz allgemein haben Moleküle in Singulettzuständen, wo alle Elektronenspins in antiparallele Paare unterteilt werden können,
kein ESR-Spektrum. Die Elektronenspinresonanz-Spektroskopie
ist daher eine sehr selektive Methode zur Feststellung und
Erforschung der Struktur von Spezies mit ungepaarten Elektronen, d.h. von freien Radikalen. Jede Spezies mit ungerader Elektronenzahl ist notwendigerweise ein freies Radikal.
Es existieren aber auch Moleküle mit gerader Elektronenzahl,
welche als aus zwei Monoradikalen zusammengesetzte Biradi-
kale aufgefasst werden können. Diese Betrachtungsart ist
dann angebracht, wenn die Kopplung zwischen den ungepaarten
Spins schwach ist gegenüber der Wirkung eines äusseren Magnetfeldes. Wenn die Kopplung stark ist und der Zustand mit
parallelen Spins energetisch tiefer liegt als der tiefste
Zustand mit antiparallelen Spins, so spricht man gewöhnlich
von einem Molekül mit Triplett-Grundzustand. Die ESR-Spektren von Molekülen im Triplettzustand sind wesentlich komplizierter als die Spektren der freien Radikale mit nur
einem ungepaarten Elektron. Sie werden im Rahmen dieser Vorlesung nicht besprochen.

3.4. Aromatische Radikalionen

Negative Radikalionen von aromatischen Molekülen lassen sich
durch Elektronenübertragung von Alkaliatomen in Lösung erzeugen. Positive Radikalionen erhält man z.B. in sehr kon-

zentrierter Schwefelsäure durch Uebertragung eines Elektrons vom neutralen Molekül an die freien Protonen. Positive und negative Radikalionen können auch elektrolytisch erzeugt werden.

Aufgrund der im Teil IV entwickelten Vorstellungen über die Elektronenstruktur von Aromaten ist anzunehmen, dass das ungepaarte Elektron in beiden Fällen durch ein π-Orbital zu beschreiben sei. Weil dieses Orbital in der Molekülebene eine Knotenebene besitzt, schliesst man gemäss (3.7), dass die Wechselwirkung mit den Protonen verschwindet. In Wirklichkeit findet man aber eine durch die Protonen verursachte Hyperfeinstruktur. Die Erklärung dafür wurde von McConnell $\left(\text{J.chem.Phys. }\underline{24},\ 764\ (1956)\right)$ gegeben: Wir betrachten ein $>C-H$ - Fragment eines aromatischen Radikals und nehmen an, dass das einsame Elektron durch das p_z-Orbital des Kohlenstoffatoms beschrieben werde (z-Achse $\perp$ Ebene). Die Bindung zum Proton komme durch zwei Elektronen mit antiparallelem Spin in einem lokalisierten Molekülorbital σ zustande. Die entsprechende Elektronenkonfiguration lautet $(\sigma\alpha)(\sigma\beta)(p_z\alpha)$. McConnell zeigte, dass eine Wechselwirkung mit einer Konfiguration $(\sigma\alpha)(\sigma^*\alpha)(p_z\beta)$ besteht, in welcher eines der Bindungselektronen in das antibindende Orbital σ^* angeregt ist und zum σ-Elektron parallelen Spin besitzt. Da wegen der bestehenden Wechselwirkung die beiden Konfigurationen mischen, ist die σ-Bindung durch eine Ueberlagerung von $(\sigma\alpha)(\sigma\beta)$ und $(\sigma\alpha)(\sigma^*\alpha)$ zu beschreiben. Dies führt zum Resultat, dass das Elektron mit α-Spin sich unter dem Einfluss des p_z-Elektrons etwas seltener in der Umgebung des H-Kerns aufhält als das Elektron mit β-Spin. Die quantitative Abschätzung dieses Effekts führt zu einer Fermi-Kontakt-Wechselwirkung mit dem Proton, welche einem Magnetfeld von etwa $-2{,}3$ mT entspricht.

In aromatischen Radikalen ist das einsame Elektron über das ganze System delokalisiert. Es hält sich bei einem C-Atom i mit einer Wahrscheinlichkeit ρ_i auf. ρ_i wird als Spinpopulation beim Zentrum i bezeichnet. Man erwartet daher, dass die Hyperfeinaufspaltung durch das Proton beim Kohlenstoffatom i von der Grösse

$$a_i = -2,3 \cdot \rho_i \ [mT] \qquad (3.9)$$

sei. In der MO-Theorie ergibt sich ρ_i als Quadrat des Koeffizienten des p-Orbitals des Atoms i im einfach besetzten Molekülorbital r

$$\rho_i = c_{ri}^2 \qquad (3.10)$$

Die Spinpopulation ρ_i ist von der Elektronenladung $q_i = \sum_k g_k c_{ki}^2$ (vgl. Teil IV, Abschnitt 7.3.2) zu unterscheiden.

Die Anwendung der Gleichung (3.9) erlaubt, wie im folgenden an Beispielen gezeigt wird, eine experimentelle Bestimmung der Spinpopulation aus der Hyperfeinstruktur der ESR-Spektren von freien Radikalen von Aromaten.

a) <u>Das Benzol-Radikal-Anion:</u>

Aus Symmetriegründen muss die Spinpopulation bei jedem C-Atom gleich 1/6 sein. Man erwartet daher gemäss (3.9) von jedem Proton eine Linienaufspaltung von etwa 0,38 mT. Dies führt gemäss Figur 3.3 zu einem Septett mit den Intensitäten 1:6:15:20:15:6:1 und dem Abstand von etwa 0,38 mT.

Figur 3.4 zeigt, dass ein mit dieser Voraussage verträgliches Spektrum gemessen wurde.

Die genaue Vermessung des Resonanzfeldes der mittleren Komponente zeigt, dass der g-Faktor von 2,00284 nicht exakt dem Wert für das freie Elektron entspricht. Die Abweichung ist eine Folge der Kopplung des Spins an das Bahndrehmoment und bildet ein weiteres charakteristisches Merkmal von Radikalen.

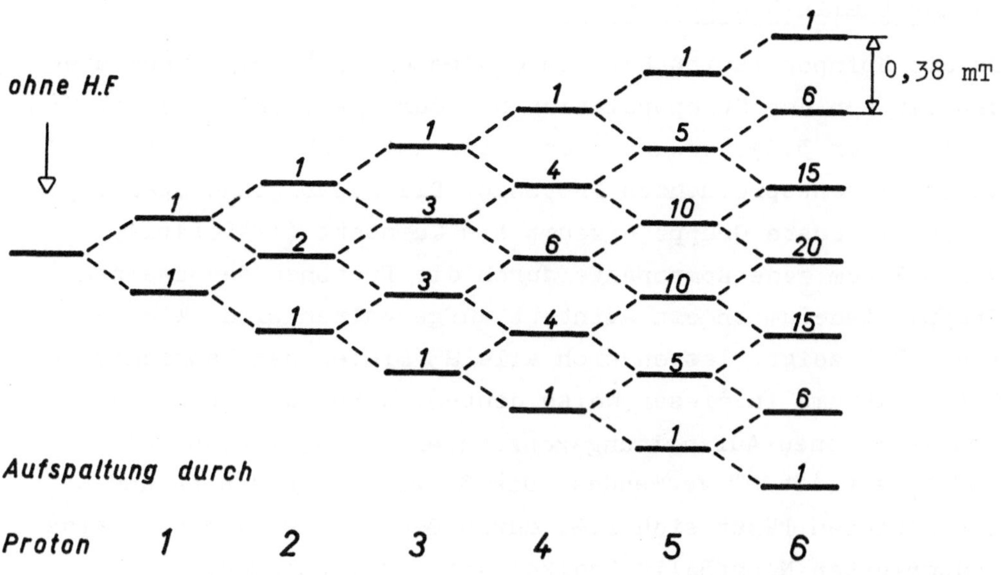

Figur 3.3 Konstruktion des Hyperfeinaufspaltungsbildes beim Benzol-Radikal-Anion. Die Ziffern bei den Komponenten bezeichnen die Zahl der Realisierungsmöglichkeiten und damit die relativen Intensitäten

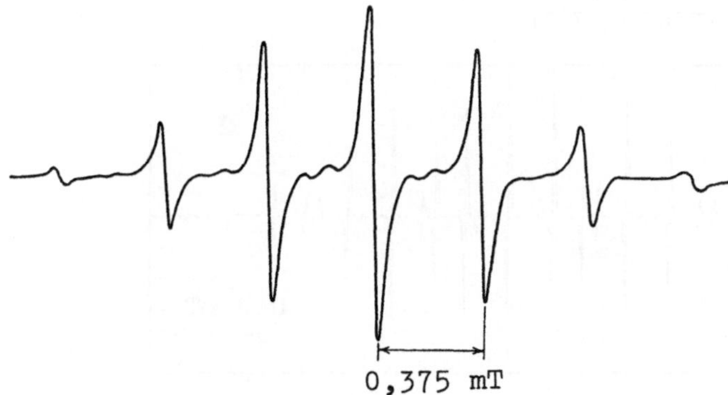

Figur 3.4 ESR-Spektrum des Benzol-Radikal-Anions

b) <u>Naphthalin-Radikal-Anion:</u>

Da die Spinpopulation bei den C_α-Atomen 1, 4, 5, 8 verschieden ist von der Spinpopulation bei den C_β-Atomen 2, 3, 6, 7
(vgl. Figur 3.5), erwartet man eine ungleiche Aufspaltung
durch die entsprechenden Protonen. Die Hyperfeinaufspaltung
durch die erste Gruppe erzeugt ein Quintett (1:4:6:4:1),
von welchem jede Komponente durch die Protonen der zweiten
Gruppe wiederum in ein Quintett aufgespalten wird. Wie
Figur 3.5 zeigt, lassen sich alle 25 Linien des beobachteten
ESR-Spektrums in dieser Weise deuten, wenn man für die α-
und β-Protonen Aufspaltungskonstanten von a_α = 0,495 mT
und a_β = 0,186 mT verwendet. Die Zuordnung zu den α- und
β-Positionen lässt sich z.B. durch Beobachtung von teilweise
deuterierten Naphthalin-Radikal-Anionen vornehmen.

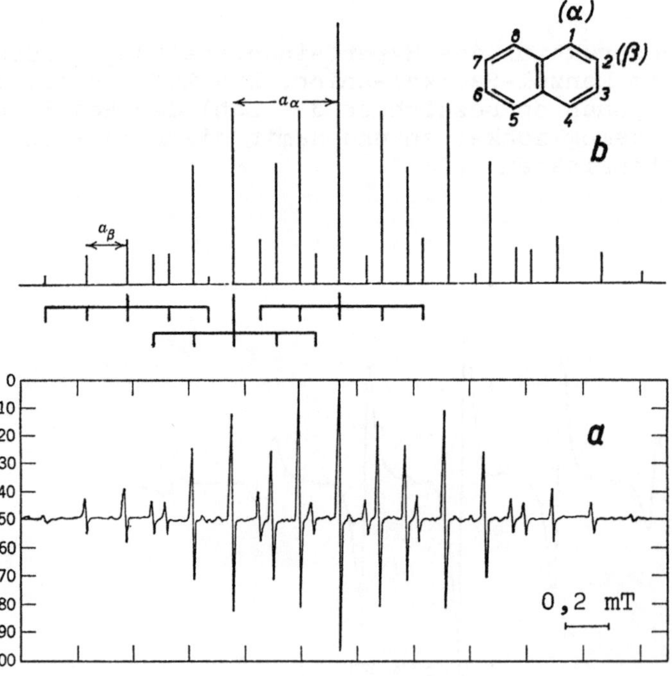

<u>Figur 3.5</u>   a) Das beobachtete ESR-Spektrum des Naphthalin-
             Anion-Radikals

          b) Deutung des Spektrums

Gemäss (3.9) würde man aus dem Experiment auf ein Verhältnis der Spinpopulation in α- und β-Stellung von etwa 2,65 schliessen. Verwendet man zur theoretischen Abschätzung die Hückelkoeffizienten des einfach besetzten Orbitals 6 ($C_{\alpha 6}$ = -0,425 und $C_{\beta 6}$ = 0,263), so erhält man als Verhältnis der Spinpopulationen in guter Uebereinstimmung mit dem Experiment 2,62.

c) <u>Aromatische Radikal-Kationen:</u>

Die ESR-Spektren der Radikal-Kationen von aromatischen Verbindungen mit lauter geradzahligen Ringen sind den Spektren der entsprechenden Radikal-Anionen sehr ähnlich. Figur 3.6 zeigt als Beispiel den Vergleich der ESR-Spektren des positiven und negativen Perylen-Ions.

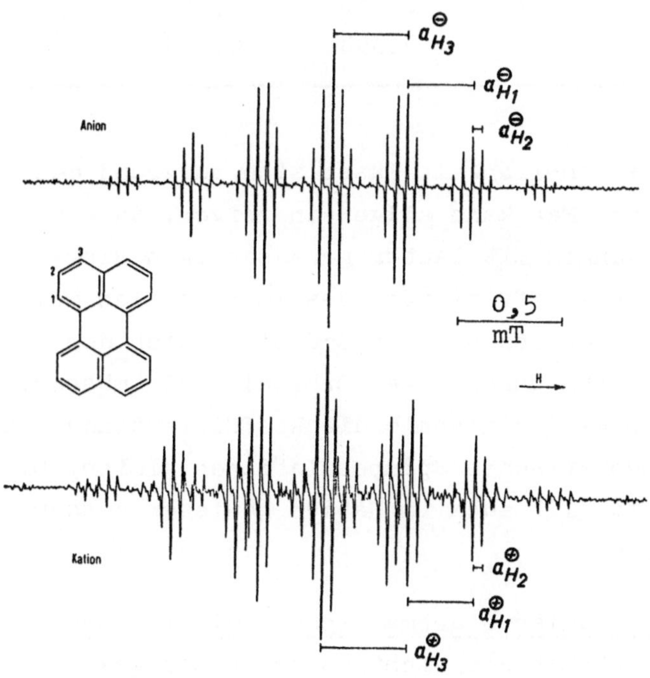

<u>Figur 3.6</u>   Vergleich der ESR-Spektren des Perylen-Radikal-Anions und des Perylen-Radikal-Kations

In Tabelle 3.1 findet man den Vergleich der Kopplungskonstanten für die positiven und negativen Radikalionen einiger Aromaten.

Tabelle 3.1 Hyperfeinaufspaltungskonstanten (in mT) einiger aromatischer Radikal-Ionen

		a_1	a_2	
Naphthalin	Kation	0,490	0,186	
	Anion	0,495	0,183	
Anthracen	Kation	0,306	0,138	a_9 = 0,653
	Anion	0,274	0,151	0,534
Perylen	Kation	0,310	0,046	a_3 = 0,410
	Anion	0,308	0,046	0,353

Die gefundene Aehnlichkeit lässt sich aufgrund des Orbitalmodells deuten. Man kann allgemein zeigen, dass bei aromatischen Verbindungen mit lauter geradzahligen Ringen im Hückelmodell die LCAO-Koeffizienten des im neutralen Molekül obersten besetzten Orbitals betragsmässig gleich den Koeffizienten des untersten unbesetzten Orbitals sein müssen. Im Anion und im Kation werden deshalb die Koeffizientenquadrate und damit die theoretischen Spinpopulationen gleich. Diese Gesetzmässigkeit gilt auch im Rahmen gewisser besserer Näherungsverfahren.

d) Methylsubstituierte aromatische Radikal-Ionen:
Tabelle 3.2 enthält die wichtigsten Kopplungskonstanten des ungepaarten Elektrons mit den Protonen für Anthracen, 9-Methylanthracen und 9,10-Dimethylanthracen.

Tabelle 3.2 Kopplungskonstanten [mT] für das Anthracen-Radikal-Anion und methylierte Derivate

	a_1	a_2	a_9	a_{10}
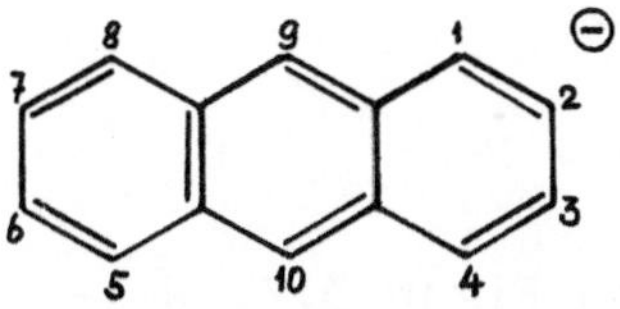	0,274	0,151	0,534	0,534
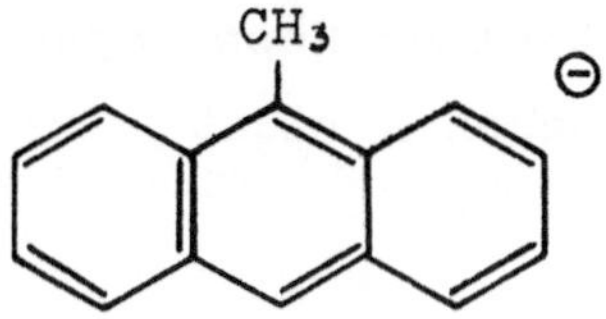	0,294	0,139	0,427*	0,516
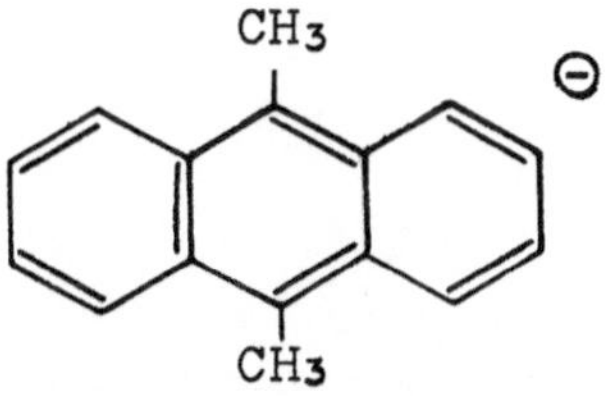	0,290	0,152	0,388*	0,388*

* Kopplungskonstante mit Methyl-Protonen

Aus der Aehnlichkeit der Kopplungskonstanten mit den aromatischen Protonen in 1-, 2- und 10-Stellung kann geschlossen werden, dass die Methyl-Substitution die Spindichte im Radikal nicht wesentlich beeinflusst. Die Kopplungskonstanten mit den vom konjugierten System entfernteren Methylprotonen erweisen sich von ähnlicher Grösse wie die Kopplungskonstanten mit aromatischen Protonen am selben C-Atom. Dies kann mindestens zum Teil darauf zurückgeführt werden, dass die Methylprotonen nicht in der Knotenebene des vom ungepaarten Elektron besetzten π-Orbitals liegen. Zusätzlich wird auch eine Fortpflanzung der oben diskutierten ungleichen räumlichen Verteilung der Elektronen mit α- und β-Spin bis zum Methylproton diskutiert.

3.5. Alkyl-Radikale

Alkyl-Radikale entstehen z.B. bei Bestrahlung von gesättig-
ten Kohlenwasserstoffen mit hochenergetischen Elektronen.
Man findet sie aber auch als Produkte von Photoreaktionen,
beispielsweise mit Bleitetraacylaten gemäss

$$Pb(OCOR)_4 \longrightarrow Pb(OCOR)_3 + CO_2 + \overset{\bullet}{R}$$

Das <u>Methyl-Radikal</u> liefert das Spektrum von Figur 3.7, welches zeigt, dass 3-äquivalente Protonen mit einer Kopplungskonstanten von 2,3 mT vorkommen. Ihre Grösse entspricht

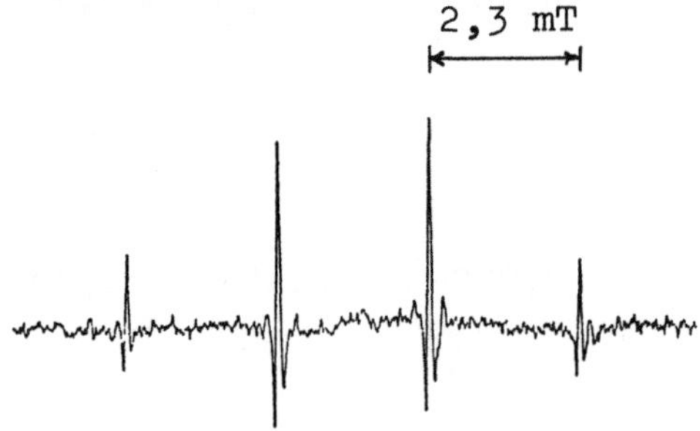

<u>Figur 3.7</u>   ESR-Spektrum des Methyl-Radikals
(zweite Ableitung)

der Kopplungskonstanten eines aromatischen Protons an ein
lokalisiertes ungepaartes Elektron und legt daher eine
planare Struktur des Methyl-Radikals nahe.

Vom <u>Aethyl-Radikal</u> erhält man das in Figur 3.8 dargestellte
und gedeutete Spektrum.

Man erkennt, dass hier die Kopplung zu den drei β-Protonen
sogar stärker ist als zu den zwei α-Protonen. Die Situation
ist die selbe wie bei methylierten Aromaten, und die Gründe
für die Grösse der β-Kopplungskonstanten wurden dort kurz
diskutiert.

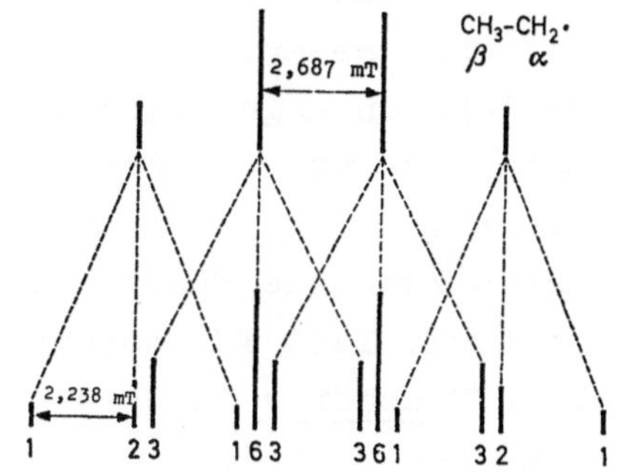

Figur 3.8

Deutung des ESR-
Spektrums des
Aethyl-Radikals

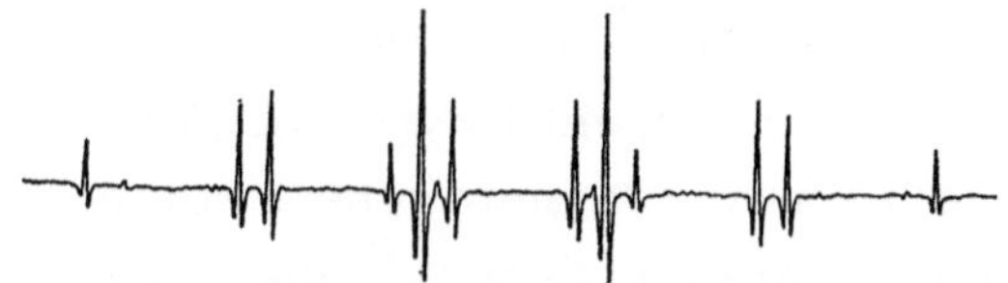

ESR-Spektrum des
Aethyl-Radikals
(zweite Ableitung)

3.6. Linienform und Relaxationseffekte

Die Intensität von ESR-Signalen ist proportional zur Diffe-
renz der Populationen N_α und N_β von α- und β-Spinzuständen
der Radikale, die sich für jede Temperatur T aus der Boltz-
mann-Verteilung

$$N_\alpha/N_\beta = e^{-2\mu_B H/kT} \qquad (3.11)$$

berechnen lässt:

$$\frac{N_\beta - N_\alpha}{N_\beta + N_\alpha} \sim \mu_B H/kT \quad . \qquad (3.12)$$

Für ein typisches Experiment bei Zimmertemperatur ($kT \sim 200$
cm^{-1}) und einem Feld von $H = 0.3$ T ergibt sich der sehr
kleine Populationsunterschied von nur 0.07 % zu Gunsten des
Spin-Grundzustandes. Diese Verhältnisse bedingen einerseits
Spektrometer mit genügender Empfindlichkeit. Andererseits
muss ein schneller Mechanismus die angeregten Spinzustände
nach der Absorption der elektromagnetischen Strahlung wieder
relaxieren, damit diese ohnehin kleine Populationsdifferenz
und demzufolge das Signal wegen Sättigung nicht verschwinden.

Der sog. Spin-Gitter oder Longitudinaler Relaxationsmecha-
nismus ist darauf zurückzuführen, dass die Bewegung der Radikale in der Lösung Fluktuationen des lokalen magnetischen
Feldes erzeugt, welche ihre Desaktivierung unter Abgabe von
Wärme an die Umgebung stimulieren können. Die damit bedingte
Verkürzung der Lebenszeit T_1 der oberen Zustände führt via
das Heisenberg'sche Unschärfeprinzip (vgl. Teil IV, Abschnitt
1.3. und auch Abschnitt 2.9.) zu einer <u>Unschärfe</u> in ihrer
Energie und damit zu einer Verbreitung der Signale.

Ein weiterer Effekt, genannt transversal, der zur Verbreiterung der Signale beiträgt, besteht darin, dass die Radikale
infolge ihrer verschiedenen räumlichen Orientierung im Moment der Anregung verschiedene effektive magnetische Felder
verspüren, und deshalb verschiedene elektromagnetische Frequenzen absorbieren. Dieser Orientierungs-Anisotropie-Effekt
nimmt ab mit zunehmender Rotationsfrequenz der Teilchen. Aus
dem entsprechenden Beitrag zur Signalform kann somit eine
effektive Lebenszeit T_2 für eine bestimmte Lage abgeleitet
und daraus auf die globale Mobilität der Teilchen in der
Probe geschlossen werden.

Zusammenfassend liefert das Studium solcher ESR-Signalformen
wichtige Einsicht in das dynamische Verhalten von paramagne-
tischen Teilchen.

4. Übergänge zwischen Rotationszuständen

Literatur:

1. C.H. Townes, A.L. Schawlow, Microwave Spectroscopy,
   Dover (1975).
2. G.W. Chantry, Modern Aspects of Microwave Spectroscopy,
   Acad. Press (1980).
3. A. Carrington, Microwave Spectroscopy of Free Radicals,
   Acad. Press (1974).

<u>4.1. Das Rotationsspektrum von linearen Molekülen</u>

Wir betrachten zunächst ein zweiatomiges Molekül mit den
Atommassen m_1 und m_2 und dem Kernabstand R. Gemäss Teil IV,
Abschnitt 3.3 kann man ein solches Molekül in guter Nähe-

Sein Trägheitsmoment in bezug auf eine durch den Schwerpunkt
gehende Achse senkrecht zur Kernverbindungslinie ist

$$J = \mu_{red} \cdot R^2 \qquad \text{mit } \mu_{red} = \frac{m_1 \cdot m_2}{m_1 + m_2} \qquad (4.1)$$

Wenn keine äusseren Kräfte auf diesen Rotator wirken, sind
seine Energiezustände gemäss (IV Gl. 3.54)

$$E_\ell = \frac{\hbar^2}{2J} \, \ell(\ell+1) \qquad (4.2)$$

Die Drehimpuls-Quantenzahl ℓ kann die Werte $\ell = 0, 1, 2, \ldots$
annehmen. Zu einer Energie E_ℓ gehören $(2\ell+1)$ entartete Zu-
stände mit den Eigenfunktionen Y_ℓ^ℓ, $Y_\ell^{\ell-1}$ ... Y_ℓ^m ... $Y_\ell^{-\ell}$.

Elektromagnetische Strahlung der Frequenz ν kann Uebergänge
zwischen verschiedenen Energiezuständen $E_{\ell'}$ und $E_{\ell''}$ induzie-
ren, wenn $|E_{\ell'} - E_{\ell''}| = h\nu$ und wenn gewisse weitere Bedingun-
gen erfüllt sind, die im folgenden untersucht werden.

Jede elektromagnetische Welle hat eine elektrische und eine
magnetische Feldkomponente. Ist die Amplitude der magnetischen Komponente $H_o = 0,1$ mT, so gehört dazu im Vakuum eine
elektrische Feldamplitude $F_o = 300$ V/cm. Ein Molekül hat
höchstens ein magnetisches Moment von der Grössenordnung
des Bohrschen Magnetons μ_B. Sein elektrisches Dipolmoment
μ ist meist von der Grössenordnung 1 Debye, wenn es nicht
aus Symmetriegründen verschwindet. (Vgl. Teil IV, Abschnitt
8.3.). Die magnetische Wechselwirkungsenergie mit einem
Strahlungsfeld mit $H_o = 0,1$ mT ist somit maximal von der
Grössenordnung

$$E_{magn} = \mu_B H_o = 9,27 \cdot 10^{-28} \text{ J} \qquad (4.3)$$

während die elektrische Wechselwirkung bei polaren Molekülen
von der Grössenordnung

$$E_{elektr} = \mu F_o = 10^{-25} \text{ J} \qquad (4.4)$$

Wechselwirkung polarer Moleküle mit dem Feld elektrischer
Natur ist. Unpolare Moleküle liefern nur dann ein Rotationsspektrum, welches zudem wesentlich schwächer ist, wenn sie
ein permanentes magnetisches Moment besitzen wie z.B. freie
Radikale. Von unpolaren Molekülen ohne permanentes magnetisches Moment kann man keine Rotationsspektren beobachten.
Wir beschränken uns deshalb im folgenden auf die Betrachtung der Wechselwirkung mit der elektrischen Feldkomponente.

Die allgemeine Theorie von Anhang I ist im Anhang II für
diesen Fall weitergeführt. Dort wird beschrieben, wie aus
der quantenmechanischen Behandlung folgt, dass die Wechselwirkung mit der elektrischen Komponente des Strahlungsfeldes
nur dann zu einer Absorption oder induzierten Emission führen kann, wenn das Molekül ein permanentes elektrisches
Dipolmoment besitzt. Ferner ergeben sich die Auswahlregeln,
wonach sich bei einem solchen Uebergang die Rotationsquantenzahl ℓ nur um eins ändern kann und die Quantenzahl m gleich
bleiben muss. Bei einem reinen Rotationsübergang eines linearen Moleküls muss demnach gelten

$$\mu \neq 0$$
$$\ell'' = \ell' \pm 1 \tag{4.5}$$
$$m'' = m'$$

Die Verhältnisse sind in Figur 4.1 veranschaulicht.

In einem linearen polaren Molekül sind die beobachtbaren
Absorptionsfrequenzen demnach

$$\nu_{abs} = \frac{E_{\ell+1} - E_{\ell}}{h} = \frac{h}{4\pi J} \left[(\ell+1)(\ell+2) - \ell(\ell+1) \right]$$

$$= \frac{h}{2\pi J} (\ell+1) \tag{4.6}$$

Man muss sich nun fragen, welche der möglichen Zustände ℓ in
einer Probe bei gegebenen Versuchsbedingungen bevölkert sind,

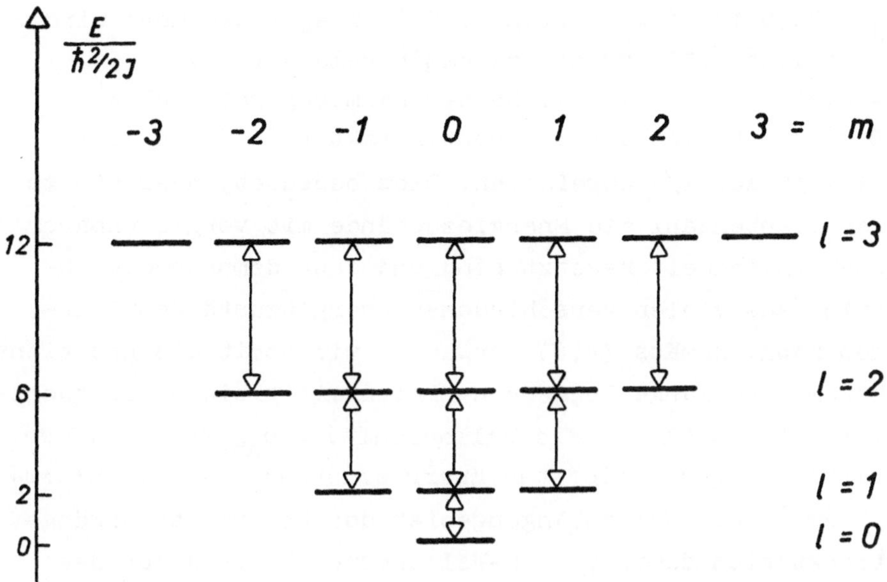

Figur 4.1 Auswahlregeln bei einem linearen Rotator

so dass sie als Anfangszustände für die Absorption eines
Quants in Frage kommen. Im thermischen Gleichgewicht befinden
sich im Mittel von insgesamt No Molekülen

$$N_{\ell,m} = \frac{N_O}{Z}\, e^{-\frac{E_\ell}{kT}} \tag{4.7}$$

in einem bestimmten Zustand ℓ,m. $Z = 2JkT/\hbar^2$ ist die Zu-
standssumme des polaren linearen Rotators (vgl. Teil III,
Abschnitt 2.2.3). Die mittlere Zahl von Molekülen mit der
Energie E_ℓ ist wegen der $(2\ell+1)$fachen Entartung

$$N(E_\ell) = \frac{N_O}{Z} \cdot (2\ell+1)\, e^{-\frac{E_\ell}{kT}} \tag{4.8}$$

Als Beispiel betrachten wir ein freies $^{23}Na^{35}C\ell$-Molekül,
dessen Kernabstand R = 236 pm und dessen reduzierte Masse

μ_{red} = 23,0·10^{-27} kg betragen. Sein Trägheitsmoment wird somit J = 1,28·10^{-45} kg m^2 und damit gemäss (4.2)
E_ℓ = 4,34·10^{-24} $\ell(\ell+1)$ J. Da bei Raumtemperatur kT = 4·10^{-21} J ist, ist der Exponentialfaktor in (4.7) erst
für $\ell \approx$ 30 auf 1/e abgefallen. Dies bedeutet, dass bis zu dieser Quantenzahl die Energiezustände mit vergleichbarer Wahrscheinlichkeit besetzt sind und dass demnach die Absorption aus vielen verschiedenen Energiezuständen ℓ erfolgen kann. Gemäss (4.6) erwarten wir somit als Rotationsspektrum eine lange Folge von Linien mit gleichem Frequenzabstand. Bei NaCl ist die Wellenzahl $\tilde{\nu}$ = ν_{abs}/c = 1/λ der Absorption aus dem tiefsten Energiezustand (ℓ=0) $\tilde{\nu}$= $\hbar/2\pi cJ$ = 0,437 cm^{-1}. Das Wellenlängengebiet der Rotationsübergänge erstreckt sich damit vom cm-Wellenbereich bis gegen den infraroten Spektralbereich.

4.2. Experimentelles

Rotationsspektren dehnen sich über sehr weite Frequenzbereiche aus. Da Klystrons nur in sehr engen Grenzen abstimmbar sind, benützt man heute zur Aufnahme von Rotationsspektren bevorzugt sog. "Backward-Wave-Oscillators". Das sind Elektronen-Laufzeit-Röhren, die im GHz-Bereich durch Aenderung der elektrischen Betriebsdaten eine Veränderung der Frequenz um etwa 40 % erlauben. Durch Verwendung mehrerer solcher Oszillatoren kann man Rotationsspektren in einem Bereich von etwa 8 - 40 GHz in mehreren Stücken aufnehmen. Die meisten bisher untersuchten Rotationsspektren wurden in diesem Frequenzintervall vermessen. Sie dehnen sich aber gewöhnlich weit über die erwähnten Grenzen aus.

Um die freie Rotation von Molekülen beobachten zu können, müssen sie sich in Gasphase befinden. Wenn die Zeit zwischen Stössen mit anderen Molekülen klein wird, nimmt die Zeit τ, während welcher sich ein Molekül im Mittel in einem bestimm-

ten Rotationszustand befindet, ab, und gemäss (2.14) nimmt
die Linienbreite $\Delta\nu$ zu. Wenn man annimmt, dass sich der
Rotationszustand bei jedem Stoss ändere, was annähernd zu-
trifft, so erhält man aus der kinetischen Gastheorie (vgl.
Teil III, Abschnitt 2.3.2)

$$\tau = \frac{\underline{V}}{4\pi\ \sqrt{2}\ \rho_s^2\ L}\ \frac{1}{\bar{v}} \tag{4.9}$$

wo $\underline{V}$ = RT/P das Molvolumen, L die Loschmidt-Zahl, ρ_s den
Stossradius der Moleküle und $\bar{v} = (8kT/\pi m)^{1/2}$ die mittlere
thermische Geschwindigkeit bedeuten. Damit wird

$$\Delta\nu_P = \bar{v} \cdot \frac{4\pi\ \sqrt{2}\ \rho_s^2\ L}{RT}\ P \tag{4.10}$$

proportional dem Druck P. Bei Verminderung des Druckes wird
aber die Linienbreite $\Delta\nu$ nicht unbegrenzt kleiner, weil infolge der Translationsbewegung der Dopplereffekt

$$\Delta\nu_D = \frac{\bar{v}}{c}\ \nu \tag{4.11}$$

auftritt. Es hat demnach nur einen Sinn, den Druck so weit zu
erniedrigen, bis $\Delta\nu_P \approx \Delta\nu_D$ ist. Dies ist der Fall bei

$$P_{opt} = \frac{\nu\ RT}{c\ 4\pi\ \sqrt{2}\ \rho_s^2\ L} \tag{4.12}$$

Bei einer Messfrequenz von ν = 10 GHz und einem Stossradius von $2 \cdot 10^{-8}$ cm führt dies bei Raumtemperatur auf
$P_{opt} \approx 2 \cdot 10^{-3}$ Torr. Die Linienbreite liegt dann für kleine
Moleküle um 10^5 Hz. Die Uebergangsfrequenzen können also
mit einer hohen Relativgenauigkeit ($\approx 10^{-5}$) gemessen werden.

Damit bei so kleinem Druck die Zahl der beobachteten Moleküle und damit die Absorptionssignale nicht zu klein werden,

muss man das Probenvolumen genügend gross wählen. In den
meisten Apparaturen befindet sich das Gas in einem einige
Meter langen Wellenleiter vom Querschnitt 1 x 3 cm^2, der
ähnlich wie die Kavität bei der Elektronenspinresonanz Teil
einer Mikrowellen-Brückenschaltung bildet. Um die Absorption
der Mikrowellen-Energie durch das Gas eindeutig feststellen
zu können, muss man für jede Absorptionslinie die Verluste
mit den Verlusten bei Abwesenheit der Absorptionslinie vergleichen. Dies erreicht man durch den folgenden Kunstgriff:
Man ordnet im Innern des Wellenleiters eine Elektrode an,
welche man auf eine Spannung von etwa 1000 V gegenüber dem
Wellenleiter bringen kann (vgl. Figur 4.2).

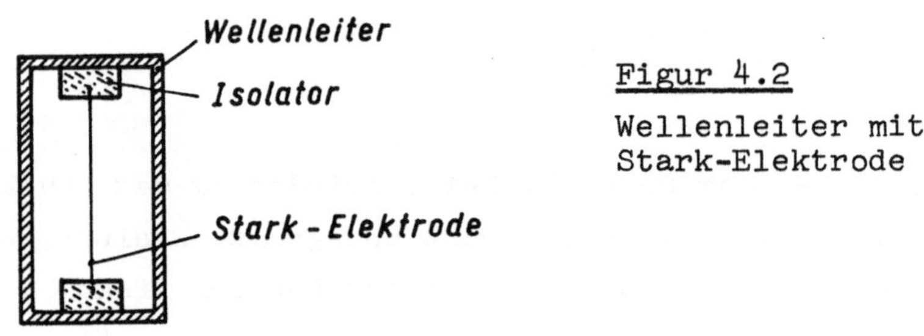

Figur 4.2
Wellenleiter mit
Stark-Elektrode

Dadurch entsteht im Innern ein elektrisches Feld. Die Rotation der polaren Moleküle ist nicht mehr vollständig frei,
und die Energiezustände ändern sich deshalb geringfügig.
Dies bewirkt eine Verschiebung und Aufspaltung der Linien,
welche als Stark-Effekt bekannt ist. Das Aufspaltungsbild
ist von den Quantenzahlen der an der Absorption beteiligten
Zustände abhängig, und die Weite der Aufspaltung hängt vom
Dipolmoment des beobachteten Moleküls ab. Auf diese Weise
erreicht man gleichzeitig drei Dinge: 1) Durch gepulstes
Ein- und Ausschalten der Stark-Spannung kann man bei fester
Frequenz den Unterschied der Verluste mit und ohne Absorptionslinie empfindlich messen. 2) Aus dem Aufspaltungsbild
kann man die Quantenzahlen der an der Absorption beteiligten

Zustände ermitteln. Dies ist, wie z.B. aus Gl. (4.6) ersichtlich, wichtig, wenn aus der Absorptionsfrequenz auf das Trägheitsmoment geschlossen werden soll. 3) Aus der Aufspaltungsweite kann man das Dipolmoment der Moleküle berechnen. Dies ist heute die genaueste Bestimmungsmethode für Dipolmomente isolierter Moleküle.

Bei hoher Auflösung beobachtet man oft eine Hyperfeinstruktur der Absorptionslinien, aus welchen man Rückschlüsse auf die Kopplung der Kernspins mit der Elektronenhülle ziehen kann.

4.3. Rotationsspektren nicht linearer Moleküle

Das Rotationsverhalten von nicht linearen Molekülen wird (siehe Teil III, Abschnitt 2.2.3) durch die drei Hauptträgheitsmomente J_x, J_y und J_z bezüglich der senkrecht zueinander stehenden Hauptträgheitsachsen x,y und z bestimmt. Das Rotationsniveau-Schema eines asymmetrischen Kreisels, bei welchem alle drei Hauptträgheitsmomente verschieden sind, ist recht kompliziert und soll hier nicht behandelt werden.

Bei einem symmetrischen Kreisel wie z.B. $C\ell CH_3$ sind zwei Hauptträgheitsmomente gleich ($J_x = J_y \neq J_z$). In diesem Fall liefert die quantenmechanische Behandlung die Energiezustände

$$E_{\ell,k} \;=\; \frac{h^2}{2J_x}\,\ell(\ell+1) + \left(\frac{h^2}{2J_z} - \frac{h^2}{2J_x}\right) k^2 \qquad\qquad (4.13)$$

Die hier gegenüber (4.2) zusätzlich auftretende Quantenzahl k bestimmt den Drehimpuls um die z-Achse. Sie kann die Werte 0, ± 1, ± 2, ..., $\pm \ell$ annehmen. Die Gleichung (4.13) zeigt, weshalb man ein lineares Molekül als linearen Rotator behandeln kann. Bei einem linearen Molekül wird J_z sehr klein. Deshalb liegen Zustände mit $k > 0$ so hoch, dass sie thermisch nicht mehr besetzt werden. Da keine Kerne ausserhalb der z-Achse liegen, wird J_z durch die Elektronen bestimmt. Zustände mit vom Grundzustand verschiedenem k entsprechen somit elektronisch angeregten Zuständen.

Bei einem symmetrischen Kreisel lauten die Auswahlregeln für elektrische Dipolübergänge

$$\Delta\ell = \pm 1, 0 \qquad \text{und} \qquad \Delta k = 0 \qquad (4.14)$$

Figur 4.3 zeigt das Energieniveau-Schema eines symmetrischen Kreisels.

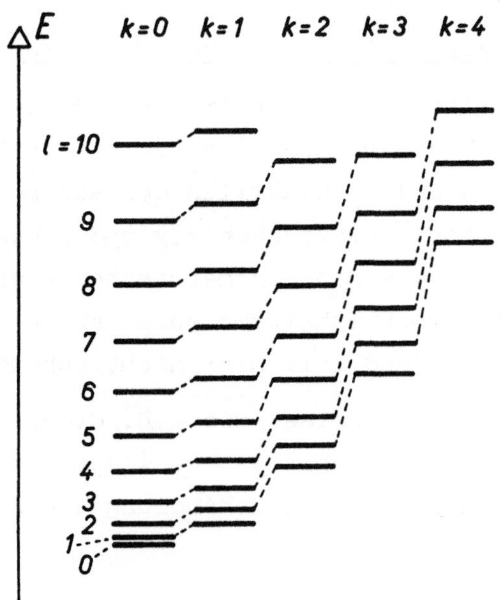

Figur 4.3 Energieniveau-Schema eines symmetrischen Kreisels für den Fall $J_z < J_x = J_y$

Aus (4.13) und den Auswahlregeln (4.14) folgt, dass das Spektrum eines symmetrischen Kreisels gleich dem Spektrum eines linearen Rotators mit $J = J_x$ sein sollte. In Wirklichkeit beobachtet man eine kleine Aufspaltung der Linien entsprechend verschiedenen Werten von k, welche von einer Verzerrung des Moleküls durch Zentrifugalkräfte und einer damit verbundenen Veränderung von J_z herrührt.

Erst bei asymmetrischen Kreiseln werden die Linienlagen durch alle drei Hauptträgheitsmomente bestimmt.

4.4. Auswertung von Rotationsspektren

Aus dem Experiment lassen sich im günstigen Fall die drei Hauptträgheitsmomente eines Moleküls bestimmen. Da die Kernmassen bekannt sind, kann man versuchen, die Atomabstände daraus abzuleiten. Da die Geometrie eines N-atomigen Molsküls durch (3N-6) interne Koordinaten bestimmt wird, reichen die drei Hauptträgheitsmomente nur bei 3-atomigen Molekülen zu einer vollständigen Bestimmung aus. Bei grösseren Molekülen können zusätzliche Messdaten an den mit Isotopen substituierten Verbindungen gewonnen werden. Bei der Auswertung wird dann vorausgesetzt, dass dadurch nur die Massenverteilung, nicht aber die Geometrie verändert wurde. Dies stimmt genau für die Gleichgewichtslagen und in guter Näherung auch für die Mittelwerte der Quadrate der Atomabstände, welche ja die Trägheitsmomente bestimmen. Mit diesem Verfahren war es möglich, die Bindungsabstände und -winkel in vielen Molekülen zu bestimmen.

Figur 4.4 zeigt am Beispiel von Pyridin die dabei erreichbare Genauigkeit.

Abgesehen davon, dass in den meisten Fällen die durch Rotationsspektroskopie erreichbare Genauigkeit grösser ist als die Genauigkeit von Röntgenstrukturbestimmungen, gelten die spektroskopisch bestimmten Strukturen für das freie Molekül, während bei Röntgenuntersuchungen die Moleküle durch die Wechselwirkung mit ihren Nachbarn im Kristallverband etwas deformiert vorliegen können. Darüber hinaus kann die Rotationsspektroskopie wesentliche Aufschlüsse über die innere Moleküldynamik liefern. Man kann damit z.B. die innere

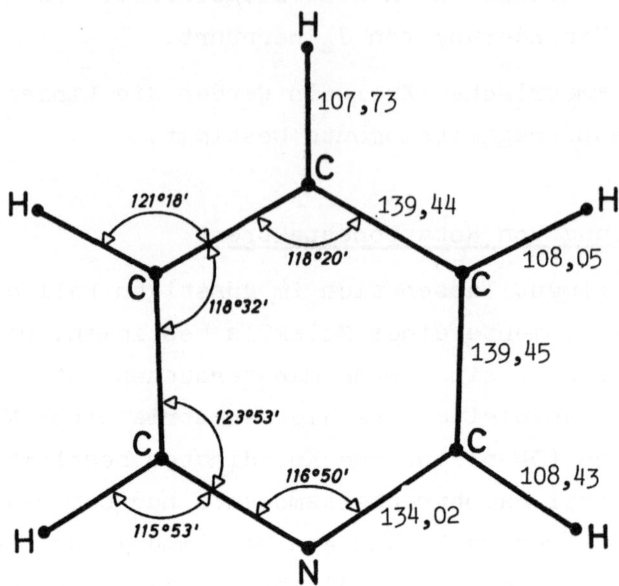

Figur 4.4 Gleichgewichtsgeometrie von Pyridin
bestimmt aus Rotationsspektren (in pm)

Rotation von Molekülen studieren und Zahlenwerte für die
Hinderungspotentiale dieser internen Rotationen ermitteln.
Die Rotationsspektroskopie ist somit eine der wichtigsten
Methoden zur Erforschung der Eigenschaften isolierter
Moleküle im elektronischen Grundzustand.

5. Übergänge zwischen Vibrationszuständen

Literatur:

1. E.B. Wilson, J.C. Decius, P.C. Cross, Molecular Vibrations, McGraw Hill (1955).
2. G. Herzberg, Infrared and Raman Spectra of Polyatomic Molecules, Van Nostrand (1945).
3. H.J. Hediger, Infrarotspektroskopie, Akademische Verlagsgesellschaft (1971).
4. K. Nakanishi, P. Solomon, Infrared Absorption Spectroscopy, Holden-Day (1977).
5. M. Avram, G. Mateescu, Infrared Spectroscopy, Applications in Organic Chemistry, Krieger (1979).
6. J. Ferraro, L.J. Basile, Fourier-Transform Infrared Spectroscopy, Acad. Press (1979).
7. D.A. Long, Raman Spectroscopy, McGraw-Hill, New York (1977).

5.1. Das Vibrationsspektrum eines zweiatomigen Moleküls

In der Born-Oppenheimer-Näherung (vgl. Teil IV, Abschnitt 4.4) wird angenommen, dass die Kerne Schwingungen in einem Potential V_{BO} ausführen, welches durch die Energie des Elektronensystems und der Kernabstossung bestimmt ist. Wenn man, wie in Figur 5.1 angedeutet, in der Nähe des Gleichgewichtsabstandes R_e das Potential V_{BO} durch eine Parabel annähert und

$$V_{BO} \approx \frac{f}{2} (R-R_e)^2 = \frac{f}{2} x^2 \tag{5.1}$$

setzt, so entspricht das Schwingungsproblem genau dem in Teil IV, Abschnitt 3.2 behandelten harmonischen Oszillator.

Die Vibrationsenergie des zweiatomigen Moleküls wird somit

$$E_n = \hbar\omega \left(n + \frac{1}{2} \right) \tag{5.2}$$

mit $\omega = (f/\mu_{red})^{1/2}$, wo μ_{red} wiederum die reduzierte Masse bedeutet. Die Raumanteile der Eigenfunktionen $\psi_n(x)$ sind durch die dort abgeleiteten Produkte einer Gaussfunktion mit einem hermiteschen Polynom gegeben.

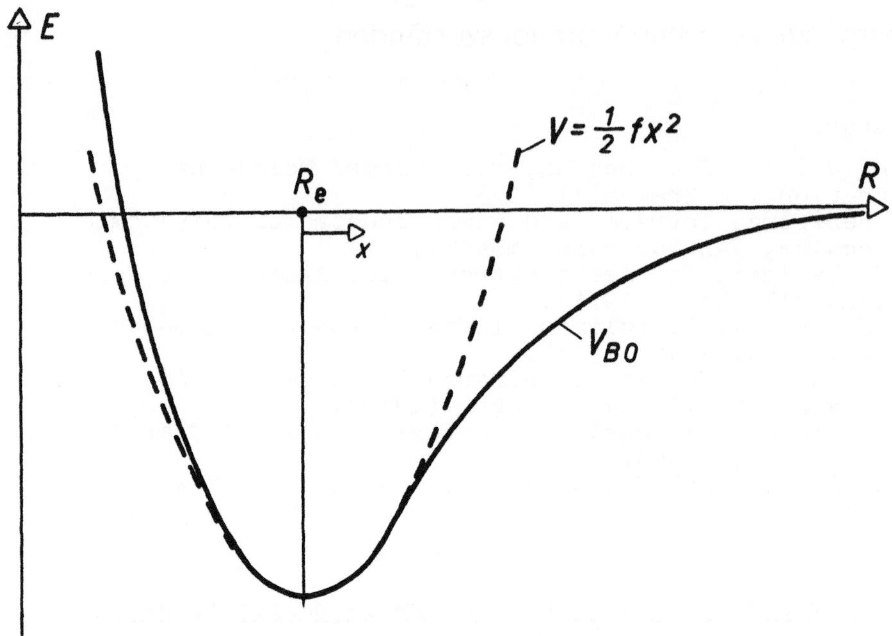

Figur 5.1 Das Born-Oppenheimer-Potential in einem zweiatomigen Molekül

In dieser i.a. guten Näherung ergeben sich gemäss Anhang II
die Auswahlregeln für einen durch ein elektrisches Wechselfeld induzierten Uebergang zwischen zwei Vibrationszuständen
n' und n" wie folgt:

- Vibrationsübergänge werden nur dann induziert, wenn mit
  der Auslenkung aus der Gleichgewichtslage eine Veränderung des elektrischen Dipolmoments verbunden ist

$$\left(\frac{d\mu}{dR}\right)_{R_e} \neq 0 \tag{5.3}$$

- In der harmonischen Näherung muss gelten

$$n" = n' \pm 1 \tag{5.4}$$

Das Wechselfeld kann somit nur Uebergänge zwischen benachbarten Vibrationszuständen induzieren. Da in der harmonischen Näherung alle benachbarten Vibrationszustände den
gleichen Energieabstand haben, erwartet man von einem zwei-

atomigen Molekül nur eine Vibrationslinie bei der Frequenz $\nu = \omega/2\pi$.

Die in Wirklichkeit vorhandenen Abweichungen des BO-Potentials von der Parabelform wirken sich dahin aus, dass auch Uebergänge mit $\Delta n = 2$ schwach erlaubt sind. Man bezeichnet sie als Oberschwingungen und findet sie bei annähernd der doppelten Wellenzahl des entsprechenden $\Delta n = 1$ Uebergangs vor allem dann, wenn dieser sehr intensiv ist.

In Teil IV, Abschnitt 8.2.3 wurde festgestellt, dass die Kraftkonstante f für eine Doppelbindung in der Grössenordnung 1 kN/$\bar{\mathrm{m}}$ liegt. Die reduzierte Masse von CO ist z.B. $\mu_{red} = 1,13 \cdot 10^{-26}$ kg, was zu einer Absorptionsfrequenz $\nu = 4,7 \cdot 10^{13}$ Hz entsprechend $\lambda = 6,4 \cdot 10^{-4}$ cm = 6,4 µm führt. Vibrationsübergänge sind somit im infraroten Spektralgebiet zu erwarten. Als Ausgangszustand für die Absorption kommt hauptsächlich der tiefste Vibrationszustand (n=0) in Frage, weil schon der zweittiefste um etwa $1,3 \cdot 10^{-20}$ J höher liegt, was bei Raumtemperatur beträchtlich grösser als kT ist.

5.2. Experimentelles zur IR-Spektroskopie

Im Infrarot kennt man bisher noch keine über genügend weite Bereiche kontinuierlich abstimmbare monochromatische Lichtquellen. Man verwendet deshalb die polychromatische Strahlung eines glühenden Körpers, aus welcher man durch einen Monochromator die gewünschten Wellenlängen auswählt. Da hochschmelzende und oxydationsbeständige Metalle wie z.B. Platin im IR-Gebiet nicht gut emittieren, benützt man entweder Globar-Stäbchen (SiC) oder den Nernst-Stift (eine Mischung von Oxiden von Seltenen Erden) als Strahlungsquelle. Beide werden durch einen elektrischen Strom zu heller Glut gebracht.

Monochromatoren bestehen ganz allgemein aus einer Kollimator-
linse (oder einem Hohlspiegel), welche das durch einen Eintrittsspalt auf sie auftreffende polychromatische Licht als
paralleles Bündel auf das dispergierende Element, sei es
ein Beugungsgitter, sei es ein Prisma, wirft. Die Richtung
des aus diesem Element austretenden Lichtes ist dann je nach
Wellenlänge verschieden. Eine zweite Linse (oder Hohlspiegel)
entwirft daher in ihrer Brennebene das Bild des Eintritts-
spaltes je nach Wellenlänge des Lichtes an einem andern Ort.
Ein in dieser Ebene angebrachter Austrittsspalt lässt nur
Licht aus einem schmalen Wellenlängenbereich passieren. Die
gewünschte Wellenlänge kann durch Drehen des Prismas oder
optischen Gitters um eine senkrecht zur Zeichenebene stehende
Achse eingestellt werden. Figur 5.2 zeigt eine der vielen
möglichen optischen Anordnungen eines Monochromators.

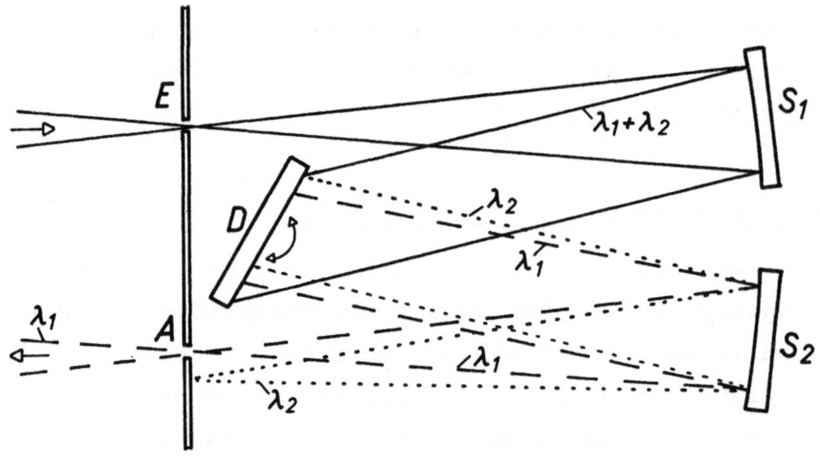

<u>Figur 5.2</u>   Prinzip eines Monochromators

E = Eintrittsspalt
S_1 = Kollimatorspiegel
D = dispergierendes Element (Gitter oder Prisma)
S_2 = Abbildungsspiegel
A = Austrittsspalt

Durchstrahlte optische Elemente wie Linsen und Fenster von
Absorptionszellen müssen aus speziellen IR-durchlässigen

Gläsern (bis ca. 13 µ) oder aus kristallinem NaCℓ (bis ca.
15 µm durchlässig) oder KBr (bis ca. 40 µ) gefertigt werden.
Luft ist mit Ausnahme der H_2O-Absorptionen bei 2,7 und
6,25 µm und der CO_2-Absorption bei 4,25 und 15 µm im IR-
Bereich durchlässig.

IR-Absorptionsspektren kann man an Gasen bei einigen cm
Schichtdicke oder an flüssigen Proben bei Schichtdicken von
einigen hundertstel mm gut beobachten. Falls eine feste Substanz in einem Lösungsmittel, dessen Eigenabsorptionen nicht
mit den Absorptionen der zu untersuchenden Substanz zusam-
menfallen, gut löslich ist, untersucht man sie gewöhnlich in
Lösung bei einer Schichtdicke zwischen 0,1 und 1 mm. Weil
meistens NaCℓ-Fenster verwendet werden, kommen Wasser und
Aethanol als Lösungsmittel selten in Frage. Schwerlösliche
Substanzen kann man auch mit wenig Flüssigkeit, z.B. Paraf-
finöl, zu einer feinkörnigen Paste zerreiben. Wenn die
Teilchengrösse kleiner als die IR-Wellenlänge ist und die
Brechungsindices der Flüssigkeit und der Substanzteilchen
nicht stark voneinander abweichen, lassen sich an solchen
"Mulls" gute IR-Spektren beobachten. Statt dessen kann man
auch die zu untersuchende Substanz zusammen mit KBr zu einem
feinen Pulver mischen und mahlen, das man nachher unter
Vakuum zu einer durchscheinenden Pille presst, deren Form
dem Strahlquerschnitt angepasst ist. Da infolge der intermolekularen Wechselwirkungen die beobachteten Absorptionsfrequenzen etwas von der Präparationstechnik abhängen, ist
diese stets anzugeben.

Die meisten IR-Spektrometer arbeiten heute im Doppelstrahl-
verfahren. Dabei werden die Intensitäten eines durch die
Probenzelle und eines durch eine mit reinem Lösungsmittel
gefüllte Vergleichszelle fallenden Messstrahls verglichen.
Das Verhältnis der beiden Intensitäten wird als "Transmission" von einem Schreiber in Funktion der Wellenlänge
aufgezeichnet. Neue Entwicklungen betreffen auch hier die
Anwendung der sog. Fourier-Transformationstechnik (vgl.
Abschnitt 2.3.).

Als Detektoren verwendet man Thermoelemente, Bolometer oder
die Golay-Zelle. Sie müssen möglichst trägheitsarm konstru-
iert sein, damit sie dem Wechsel zwischen Mess- und Ver-
gleichsstrahl folgen können. Bei Thermoelementen wird die
bei Strahlungseinfall sich einstellende Temperaturänderung
eines sehr feinen schwarzen Strahlungsauffängers als Thermo-
spannung gemessen. Bei Bolometern misst man in einer Brücken-
schaltung die durch die Erwärmung bedingte Widerstandsände-
rung. Die Golay-Zelle bewirkt eine der auffallenden IR-
Intensität proportionale Aenderung eines Lichtsignals durch
Reflexion an einer deformierbaren Membran, welche ein Gas-
volumen überspannt, das sich je nach der einfallenden Strah-
lungsintensität verschieden stark ausdehnt.

5.3. Das Rotations-Schwingungsspektrum von zweiatomigen Molekülen

In der Gasphase überlagern sich den Vibrationsenergien die
Rotationsenergien. Ein Energiezustand eines zweiatomigen
Moleküls ist daher durch die Rotationsquantenzahl ℓ und die
Vibrationsquantenzahl n gekennzeichnet. Gemäss (5.2) und
(4.2) gilt

$$E_{n,\ell} = \hbar\omega \left(n + \frac{1}{2} \right) + \frac{\hbar^2}{2J} \ell(\ell+1) \tag{5.7}$$

Der Uebergang von einem Zustand n', ℓ' zu einem Zustand n'', ℓ''
ist dann erlaubt, wenn bezüglich der Vibration und der
Rotation die entsprechenden Auswahlregeln $\Delta n = \pm 1$ und
$\Delta \ell = \pm 1$ erfüllt sind. Da die Abstände der Vibrationszustände wesentlich grösser sind als die Rotationszustände,
sind von einem Anfangszustand n', ℓ' in Absorption die beiden Endzustände $n'+1, \ell'+1$ und $n'+1, \ell'-1$ erreichbar. Wie
in Figur 5.3 dargestellt, spaltet dadurch das Spektrum in
zwei Zweige auf: den R-Zweig, der die Uebergänge $\ell' \rightarrow \ell'+1$
und den P-Zweig, der die Uebergänge $\ell' \rightarrow \ell'-1$ umfasst.

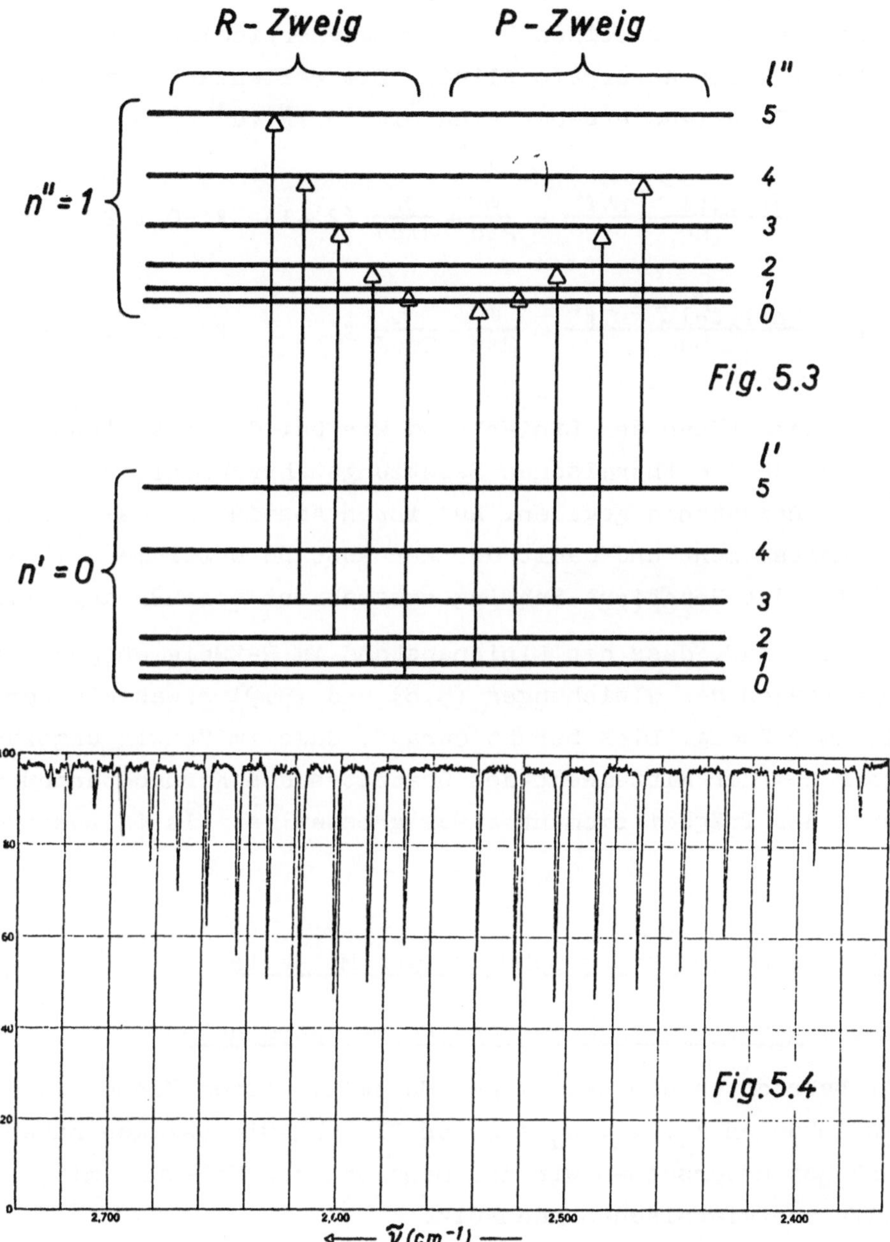

Figur 5.3 Zur Entstehung des Rotations-Schwingungs-
spektrums eines zweiatomigen Moleküls

Figur 5.4 Rotations-Schwingungsspektrum von HBr bei
300 K

Wegen der Auswahlregel $\Delta\ell = \pm\,1$ beobachtet man bei der Frequenz, welche der reinen Schwingungsenergiedifferenz entspricht, keine Absorptionslinie. Die Wellenzahlen des R- und des P-Zweiges ergeben sich mit (5.7) zu

$$\tilde{\nu}_{\ell,R} = \frac{E_{n+1,\,\ell'+1} - E_{n',\,\ell'}}{hc} = \frac{\omega}{2\pi c} + \frac{h}{2\pi c J}\,(\ell'+1) \qquad \ell'=0,1,2\ldots \qquad (5.8)$$

$$\tilde{\nu}_{\ell,P} = \frac{E_{n+1,\,\ell'-1} - E_{n',\,\ell'}}{hc} = \frac{\omega}{2\pi c} - \frac{h}{2\pi c J}\,\ell' \qquad\qquad \ell'=1,2\ldots \qquad (5.9)$$

Die Intensitäten der Linien sind wie bei den Rotationsspektren durch die thermischen Besetzungswahrscheinlichkeiten der Rotationszustände gegeben. Aus ihren Abständen lässt sich das Trägheitsmoment und damit der Kernabstand bestimmen. In Figur 5.4 ist das Rotations-Schwingungsspektrum von HBr abgebildet.

Es fällt auf, dass der Linienabstand im R-Zweig entgegen den Voraussagen der Gleichungen (5.8) und (5.9) etwas kleiner ist als im P-Zweig. Dies beruht darauf, dass im Schwingungszustand n=1 der Mittelwert des Quadrates des Kernabstandes und damit das Trägheitsmoment etwas grösser ist als im Zustand n=0.

5.4. Infrarotspektren mehratomiger Moleküle

5.4.1. Normalschwingungen und Normalkoordinaten

Wir betrachten ein N-atomiges Molekül, dessen Kerne α die Auslenkungen x_α, y_α, z_α aus den Gleichgewichtslagen haben. Zunächst untersuchen wir die Bewegung des Moleküls mit Hilfe der klassischen Mechanik.

Die kinetische Energie wird (der Punkt bedeutet die zeitliche Ableitung)

$$T = \frac{1}{2}\sum_{\alpha=1}^{N} m_\alpha\,(\dot{x}_\alpha^2 + \dot{y}_\alpha^2 + \dot{z}_\alpha^2) \qquad\qquad (5.10)$$

was nach Einführung von neuen Koordinaten

$$q_1 = \sqrt{m_1}\,x_1 \ , \quad q_2 = \sqrt{m_1}\,y_1 \ , \quad q_3 = \sqrt{m_1}\,z_1 \ , \quad q_4 = \sqrt{m_2}\,x_2 \ ,$$

$$q_i = \sqrt{m_\alpha}\,x_\alpha \ , \ \dots\ q_{3N} = \sqrt{m_N}\,z_N \tag{5.11}$$

als

$$T = \frac{1}{2}\sum_{i=1}^{3N} \dot{q}_i^2 \tag{5.12}$$

dargestellt werden kann.

In der harmonischen Näherung kann in der Umgebung der Gleichgewichtslage die potentielle Energie in der Form

$$V = \frac{1}{2}\sum_i\sum_j \left(\frac{\partial^2 V}{\partial q_i \partial q_j}\right) q_i q_j = \frac{1}{2}\sum_i\sum_j f_{ij} q_i q_j \tag{5.13}$$

geschrieben werden.

Eine Komponente der Kraft auf einen Kern α wird dann z.B.

$$-\frac{\partial V}{\partial x_\alpha} = -\frac{\partial V}{\partial q_i}\sqrt{m_\alpha} = -\sqrt{m_\alpha}\sum_j f_{ij} q_j \tag{5.14}$$

und die Newtonsche Bewegungsgleichung in x-Richtung für diesen Kern lautet

$$\ddot{x}_\alpha m_\alpha = -\frac{\partial V}{\partial x_\alpha} \tag{5.15}$$

oder in den Koordinaten q_i

$$\ddot{q}_i \sqrt{m_\alpha} = -\sqrt{m_\alpha}\sum_j f_{ij} q_j \tag{5.16}$$

Da für jeden Kern drei solcher Gleichungen bestehen, wird die Bewegung des Moleküls durch die insgesamt 3N simultanen

Differentialgleichungen

$$\ddot{q}_i + \sum_{j=1}^{3N} f_{ij}q_j = 0 \qquad i = 1 \ldots 3N \tag{5.17}$$

beschrieben. Da als Lösungen harmonische Schwingungen zu erwarten sind, versuchen wir den Lösungsansatz

$$q_i = A_i \cos(\omega t + \epsilon) \tag{5.18}$$

welcher in (5.17) eingeführt zu dem System

$$- \omega^2 A_i + \sum_{j=1}^{3N} f_{ij}A_j = 0 \qquad i = 1 \ldots 3N \tag{5.19}$$

von 3N homogenen, linearen Gleichungen in den Amplituden A_i
führt. Dieses System hat nur dann eine Lösung, wenn seine
Determinante verschwindet.

$$\begin{vmatrix} f_{11} - \omega^2, & f_{12}, & f_{13} & \ldots\ldots, & f_{13} \\ f_{21}, & f_{22} - \omega^2, & f_{23} & & f_{23} \\ \vdots & & & & \\ f_{3N1} & f_{3N2} & f_{3N3} & & f_{3N3N} - \omega^2 \end{vmatrix} = 0 \tag{5.20}$$

Diese Gleichung hat 3N Wurzeln ω_k^2 (k = 1 ... 3N). Setzt man
$\omega = \omega_k$, so findet man aus (5.19) den dazugehörigen Satz
A_{ik} der Amplituden bis auf einen gemeinsamen Faktor. Man
kann zeigen (siehe Wilson, Decius und Cross), dass bei einem
nicht linearen Molekül 6 Wurzeln ω gleich null werden. Sie
entsprechen den drei translatorischen und den drei rotatorischen Freiheitsgraden des ganzen Moleküls. (Bei linearen
Molekülen werden 5 Wurzeln ω gleich null.)

Eine Lösung mit nicht verschwindendem ω_k wird als __Normal-
schwingung__ bezeichnet. Gemäss dem Ansatz (5.18) vibrieren

in einer Normalschwingung sämtliche Kerne mit der gleichen
Frequenz und in der selben Phase ε, deren Wert natürlich von
der Wahl des Zeitnullpunktes abhängt. Die für die Eigenfre-
quenz $\nu_k = \omega_k/2\pi$ charakteristischen Amplituden A_{ik} der Kerne
in den verschiedenen Koordinatenrichtungen, wie sie aus
(5.19) ermittelt wurden, werden also von allen Kernen
gleichzeitig eingenommen, und alle Kerne gehen gleichzeitig
durch die Gleichgewichtslage.

Da die A_{ik} nur bis auf einen gemeinsamen Faktor bestimmt
sind, definiert man die von diesem Faktor unabhängigen
Grössen

$$\ell_{ik} = \frac{A_{ik}}{\sqrt{\sum_i A_{ik}^2}} \tag{5.21}$$

Damit lassen sich die sog. <u>Normalkoordinaten</u>

$$Q_k = \sum_i \ell_{ik} q_i \tag{5.22}$$

definieren. Ein nicht lineares Molekül hat demnach 3N-6 Normalkoordinaten, welche sich durch die lineare Transformation
(5.22) aus den mit den Wurzeln aus den Massen multiplizier-
ten kartesischen Koordinaten q_i darstellen lassen. Diese
Normalkoordinaten werden eingeführt, weil sich damit (siehe
Wilson, Decius und Cross) die kinetische Energie als

$$T = \frac{1}{2} \sum_k \dot{Q}_k^2 \tag{5.23}$$

und die potentielle Energie als

$$V = \frac{1}{2} \sum_k \omega_k^2 Q_k^2 \tag{5.24}$$

darstellen lassen, was einen geeigneten Ausgangspunkt für

die quantenmechanische Behandlung liefert. Der Hamilton-
Operator nimmt damit die Form

$$\hat{H} = \hat{T} + \hat{V} = \sum_k \left(\hat{T}_k + \hat{V}_k \right) = \sum_k \hat{H}_k \tag{5.25}$$

an, was, wie in Teil IV, Abschnitt 4.7 auseinandergesetzt,
zu Eigenfunktionen von der Form

$$\Phi = \prod_k \varphi_{n_k}(Q_k) \tag{5.26}$$

mit den Energieeigenwerten

$$E = \sum_k E_{n_k} = \sum_k \hbar\omega_k \left(n_k + \frac{1}{2} \right) \tag{5.27}$$

führt. In (5.27) wurde davon Gebrauch gemacht, dass die den
einzelnen Normalkoordinaten entsprechenden Operatoren $\hat{H}_k$ die
gleiche Form aufweisen wie der Hamiltonoperator für die
Vibration eines zweiatomigen harmonischen Oszillators und
daher die gleiche Folge von Eigenwerten besitzen.

Da bei einem Uebergang von einem Energiezustand zu einem
andern sich nicht zwei Quantenzahlen n_k gleichzeitig ändern
und in der harmonischen Näherung für jede Normalschwingung
die Auswahlregel $\Delta n_k = \pm 1$ gilt, beobachtet man im Absorp-
tions- oder Emissionsspektrum nur die Frequenzen $\nu_k = \omega_k/2\pi$.
Das Schwingungsspektrum eines Moleküls liefert somit direkt
die Normalfrequenzen. Bei Abweichungen vom harmonischen Verhalten können mit geringerer Intensität zusätzlich Oberschwingungen oder Kombinationsschwingungen beobachtet werden.

Bei unpolaren Molekülen sind nicht alle Normalschwingungen
im IR-Spektrum beobachtbar. Nur diejenigen sind _IR-aktiv_,
bei denen sich in der Auslenkung die Symmetrie zu einer polaren Struktur erniedrigt und somit eine Dipolmomentänderung

auftritt. Dies wird aus den in Figur 5.5 schematisch dargestellten Normalschwingungen des CO_2 sofort anschaulich.

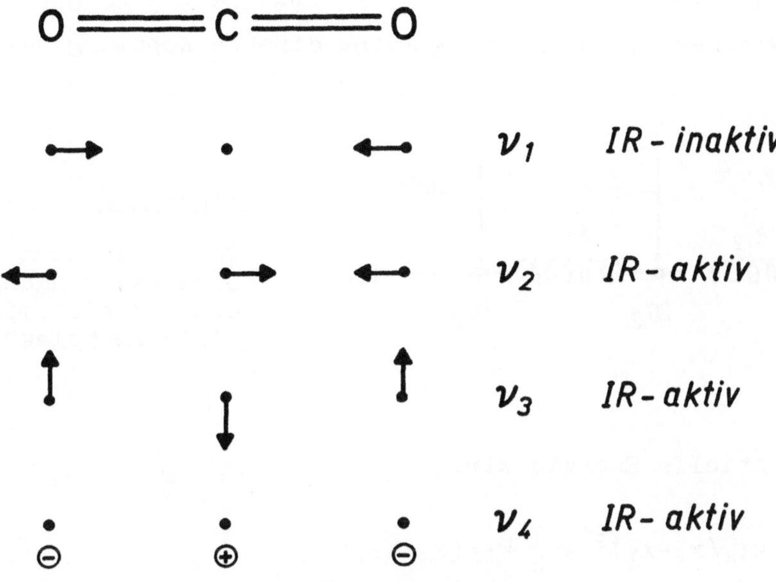

Figur 5.5   Normalschwingungen des CO_2

Während der Normalschwingung ν_1 behält das CO_2-Molekül ständig sein Symmetriezentrum und hat daher nie ein Dipolmoment.
Bei ν_2 verkürzt sich die eine Bindung, während sich die andere verlängert. Das Symmetriezentrum geht in der Auslenkung
verloren, und das Molekül wird polar. Das gleiche gilt bei
den entarteten Biegeschwingungen ν_3 und ν_4. Man kann sich
vorstellen, dass die Bindungsdipolmomente in der Auslenkung
nicht mehr antiparallel sind und deshalb eine nicht ver-
schwindende Resultierende senkrecht zur Molekülachse haben.

5.4.2. Gruppenschwingungen

Um das Schwingungsverhalten eines mehratomigen Moleküls etwas anschaulicher zu machen, betrachten wir als einfachstes

Beispiel die <u>Streckschwingungen eines linearen dreiatomigen Moleküls</u>. Wie in Figur 5.6 dargestellt, sollen die Massen m_1, m_2 und m_3 sich nur in x-Richtung bewegen können und quasi elastisch mit Kraftkonstanten k_{12} und k_{23} gekoppelt sein. Zwischen m_1 und m_3 soll keine direkte Kopplung bestehen.

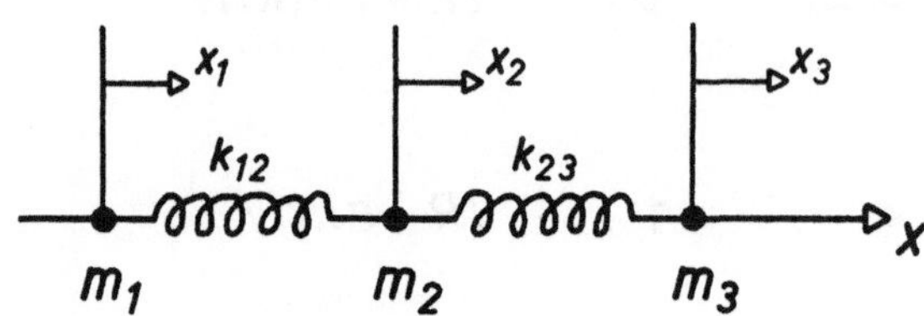

<u>Figur 5.6</u>

Zur Berechnung der Streckschwingungen eines dreiatomigen linearen Moleküls

Die potentielle Energie wird

$$V = \frac{1}{2} k_{12}(x_2-x_1)^2 + \frac{1}{2} k_{23}(x_3-x_2)^2 \tag{5.28}$$

oder in den Koordinaten q_i (5.11)

$$V = \frac{k_{12}}{2}\left(\frac{q_2}{\sqrt{m_2}} - \frac{q_1}{\sqrt{m_1}}\right)^2 + \frac{k_{23}}{2}\left(\frac{q_3}{\sqrt{m_3}} - \frac{q_2}{\sqrt{m_2}}\right)^2 \tag{5.29}$$

woraus sich mit

$$f_{ij} = \frac{\partial^2 V}{\partial q_i \partial q_j} \tag{5.30}$$

aus (5.29) sofort die Säkular-Determinante

$$\begin{vmatrix} \dfrac{k_{12}}{m_1} - \omega^2 & , & -\dfrac{k_{12}}{\sqrt{m_1 m_2}} & , & 0 \\[2em] -\dfrac{k_{12}}{\sqrt{m_1 m_2}} & , & \dfrac{k_{12}+k_{23}}{m_2} - \omega^2 & , & -\dfrac{k_{23}}{\sqrt{m_2 m_3}} \\[2em] 0 & , & -\dfrac{k_{23}}{\sqrt{m_2 m_3}} & , & \dfrac{k_{23}}{m_3} - \omega^2 \end{vmatrix} = 0 \tag{5.31}$$

ergibt. Man verifiziert leicht, dass $\omega^2 = 0$ eine Lösung ist und einer Verschiebung des gesamten Moleküls in x-Richtung entspricht ($x_1 = x_2 = x_3$). Berücksichtigt man, dass sich bei den übrigen beiden Normalschwingungen der Schwerpunkt nicht verschieben darf, dass also

$$\sum_{i=1}^{3} x_i m_i = \sum_{i=1}^{3} q_i \sqrt{m_i} = 0 \tag{5.32}$$

und somit auch

$$\sum_{i=1}^{3} A_i \sqrt{m_i} = 0 \tag{5.33}$$

gelten muss, so kann man aus der ersten und dritten Gleichung des Gleichungssystems mit den Koeffizienten der Determinante (5.31) z.B. A_2 gemäss

$$A_2 = -A_1 \frac{\sqrt{m_1}}{\sqrt{m_2}} - A_3 \frac{\sqrt{m_3}}{\sqrt{m_2}} \tag{5.34}$$

eliminieren und erhält

$$\left. \begin{array}{l} A_1 \left(\dfrac{k_{12}}{m_1} + \dfrac{k_{12}}{m_2} - \omega^2 \right) + A_3 \sqrt{\dfrac{m_3}{m_1}} \dfrac{k_{12}}{m_2} = 0 \\[2ex] A_1 \sqrt{\dfrac{m_1}{m_3}} \dfrac{k_{23}}{m_2} + A_3 \left(\dfrac{k_{23}}{m_2} + \dfrac{k_{23}}{m_3} - \omega^2 \right) = 0 \end{array} \right\} \tag{5.35}$$

Nun sind aber

$$\left. \begin{array}{l} \dfrac{k_{12}}{m_1} + \dfrac{k_{12}}{m_2} = \dfrac{k_{12}}{m_1 m_2/(m_1+m_2)} = \omega_{12}^2 \\[2ex] \dfrac{k_{23}}{m_2} + \dfrac{k_{23}}{m_3} = \dfrac{k_{23}}{m_2 m_3/(m_2+m_3)} = \omega_{23}^2 \end{array} \right\} \tag{5.36}$$

die Quadrate der Eigenfrequenzen der zweiatomigen Moleküle, welche man beim Weglassen von m_3 resp. m_1 erhalten würde.

Damit wird die Determinante des Gleichungssystems (5.35)

$$(\omega_{12}^2 - \omega^2)(\omega_{23}^2 - \omega^2) - \frac{k_{12}k_{23}}{m_2^2} = 0 \; . \tag{5.37}$$

Wenn die mittlere Masse m_2 sehr gross ist, so dass

$$k = \frac{k_{12}k_{23}}{m_2^2} \tag{5.38}$$

sehr klein wird, werden die beiden Lösungen von (5.37)

$$\omega_1^2 \approx \omega_{12}^2 \qquad \text{und} \qquad \omega_2^2 \approx \omega_{23}^2 \; .$$

Die Eigenfrequenzen des dreiatomigen Moleküls würden also in
diesem Fall sehr nahe bei den Eigenfrequenzen je eines Mole-
külteils liegen. Ebenso liegen die Lösungen ω_1^2 und ω_2^2 nicht
weit von ω_{12}^2 resp. ω_{23}^2 entfernt, wenn ω_{12}^2 und ω_{23}^2 sehr verschieden sind. Wegen der kleineren reduzierten Masse ist
z.B. in einem Molekül ω_{C-H}^2 einer C-H-Streckschwingung etwa
10 mal grösser als ω_{C-C}^2. Deshalb findet man die C-H-Streck-
schwingungen in einem relativ engen Spektralbereich. Man
kann deshalb von einer charakteristischen <u>Gruppenschwingungs-
frequenz</u> sprechen. Der genaue Wert der Schwingungsfrequenz
wird durch die Kopplung mit den Nachbaratomen im Molekül bestimmt. Dabei wirken selbstverständlich auch Aenderungen in
der Elektronenstruktur der Bindung und damit der Kraftkonstanten mit. Sehr charakteristisch treten in IR-Spektren organischer Moleküle auch die Streckschwingungen von $\diagup\!\!\!\!C = O$
Gruppen auf. Dies ist darauf zurückzuführen, dass bei einer
Verschiebung des C-Atoms in Richtung zum O-Atom die übrigen
Bindungen hauptsächlich eine Winkeländerung erleiden, was
(vgl. Teil IV, Abschnitt 8.2.3) mit verhältnismässig kleinem
Kraftaufwand verbunden ist.

Andererseits sind die frequenzmässig oft nahe beieinander
liegenden Schwingungen des Kohlenstoffskeletts organischer
Moleküle kaum der Vibration einzelner Skeletteile zuzuordnen.

5.4.3. IR-Spektren in kondensierter Phase

In der Gasphase beobachtet man, wie Figur 5.7a am Beispiel
von Methyliodid zeigt, auch bei mehratomigen Molekülen eine
Rotationsfeinstruktur der Schwingungsübergänge. Wenn die
gleichzeitig mit der Vibration angeregten Rotationszustände
einer Rotation um eine Achse mit grossem Trägheitsmoment
entsprechen, so erhält man bei beschränktem spektralen Auf-
lösungsvermögen des Spektrographen oder wenn der Druck
nicht sehr klein ist, statt einzelner Rotationsschwingungs-
linien die Enveloppe der Rotationsstruktur des entsprechenden Schwingungsübergangs. Erhöht man den Druck und geht
schliesslich zu einer kondensierten Phase über, so wird
wegen der gegenseitigen Behinderung der Moleküle die freie
Rotation unmöglich. An ihre Stelle treten Rotationsschwin-
gungen des ganzen Moleküls im Molekülverband (Librationen).
Dadurch wird das Spektrum in der in Figur 5.7b gezeigten
Weise vereinfacht. In kondensierter Phase beobachtet man
für jede IR-aktive Schwingung _ein_ Absorptionsmaximum. Die
Absorptionssignale sind wesentlich breiter als die Linien
einer Rotationsschwingungskomponente in der Gasphase. Sie
stellen die Enveloppe über sehr viele, nahe beieinander
gelegene Absorptionslinien des Systems von Molekülen dar,
welche in gegenseitiger Wechselwirkung stehen. Man bezeichnet sie daher meist als IR-_Absorptionsbanden_. Weil die
intermolekularen Kräfte viel kleiner sind als die intra-
molekularen, ist die Lage der Absorptionsbanden in kondensierter Phase meist nur wenig gegenüber der Schwingungsfrequenz des isolierten Moleküls verschoben, und ihre Breite
ist klein gegenüber der Frequenz ihres Maximums. Dieser Umstand ermöglicht die IR-Spektroskopie von Molekülen in Lösung, als Flüssigkeit oder als Kristalle.

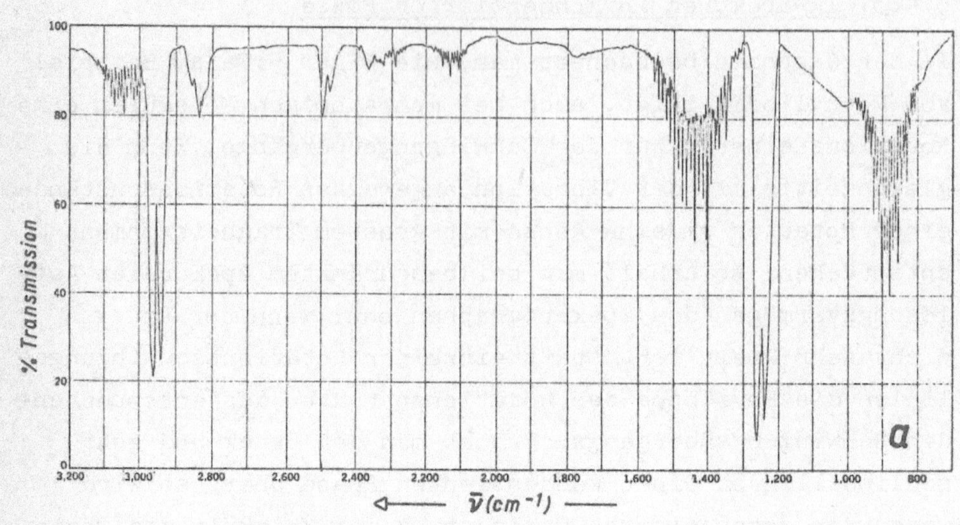

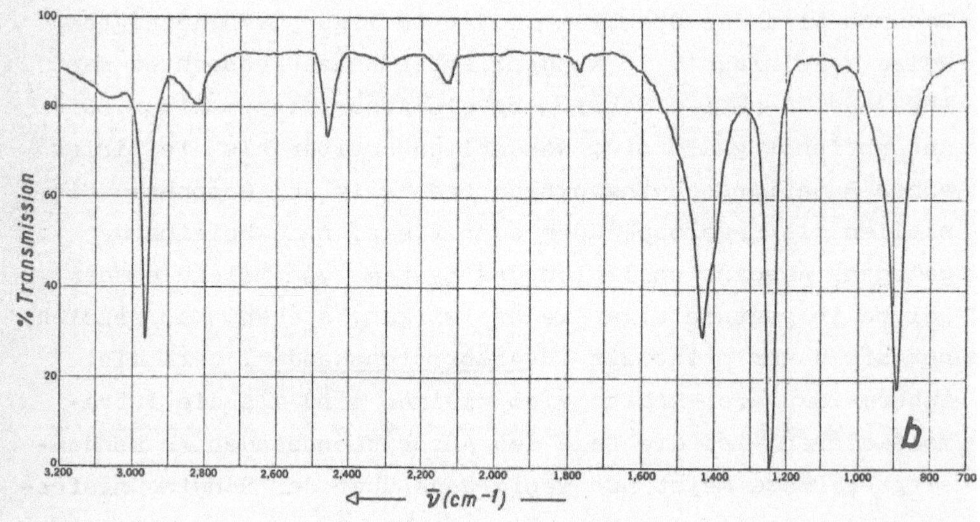

Figur 5.7 a) IR-Spektrum von CH_3I in Gasphase
b) IR-Spektrum von CH_3I in flüssiger Phase

5.5. Anwendungen der IR-Spektroskopie

Das Auftreten von charakteristischen Gruppenschwingungsfrequenzen und die Möglichkeit der Untersuchung von Substanzen in kondensierter Phase haben die IR-Spektroskopie zu einem wichtigen Hilfsmittel der qualitativen Analyse werden lassen. Es existieren ausgedehnte Tabellen (siehe z.B. Hediger), welche die Zuordnung beobachteter Absorptionsfrequenzen zu funktionellen Gruppen ermöglichen. Besonders aufschlussreich sind die Streckschwingungen von Bindungen zwischen Wasserstoff und einem der Atome C, O oder N. Sie liegen im Bereich von etwa 2800-3600 cm^{-1}. Ihre genaue Lage lässt zwischen verschiedenen chemischen Strukturen unterscheiden, indem z.B. eine aromatische $\geq$C-H-Streckschwingung um 3060 cm^{-1} auftritt, während man eine $\equiv$CH-Streckschwingung um 3300 cm^{-1} findet. Ebenso ist die genaue Frequenzlage der im Bereich von 1750-1600 cm^{-1} auftretenden Carbonylstreckschwingung für die Umgebung dieser Gruppe im Molekül charakteristisch. Z.B. absorbiert eine mit einer C=C-Bindung konjugierte C=O-Gruppe langwelliger als eine nicht konjugierte.

Grössere Moleküle haben meist ein ausserordentlich bandenreiches IR-Spektrum. Wenn auch nur eine kleine Zahl dieser Banden funktionellen Gruppen zugeordnet werden kann, so bildet das Spektrum doch ein sehr differenziertes Charakteristikum des Moleküls. Es kann daher zur sicheren Identifikation einer Substanz mit einer authentischen herangezogen werden. Dabei ist zu beachten, dass die zu vergleichenden Substanzen unter gleichen Bedingungen aufgenommen werden. Insbesondere kristallisieren relativ viele Moleküle je nach den Kristallisationsbedingungen in verschiedenen polymorphen Formen, deren IR-Spektren sich vor allem im langwelligen Teil oft deutlich unterscheiden. Beim Vergleich von Kristallspektren ist aber darauf zu achten, dass beide Substanzen unter genau gleichen Bedingungen auskristallisiert wurden. Wenn solche Vorsichtsmassnahmen getroffen werden, ist die Identifikation von Substanzen anhand ihres IR-Spektrums wesentlich schlüssiger als anhand ihres Schmelzpunktes, der empfindlicher und unübersichtlicher durch eventuelle kleine Mengen von Verunreinigungen beeinträchtigt wird. Gegenüber der Identifikation anhand der Kernresonanzspektren besteht der Vorteil, dass die IR-Methode auch auf schwer lösliche Substanzen angewendet werden kann.

5.6. Raman-Spektren

In der Raman-Spektroskopie beobachtet man die spektrale Intensitätsverteilung des Streulichtes einer Probe bei monochromatischer Einstrahlung im sichtbaren Spektralbereich. Als monochromatische Lichtquelle kann man eine ausgefilterte Spektrallinie (z.B. grüne Hg-Linie bei 546 nm) verwenden. Heute benützt man meistens Laser (vgl. Abschnitt 6.7).

Im Streulicht beobachtet man hauptsächlich die Frequenz ν_0 des eingestrahlten Lichtes (Rayleigh-Streuung). Daneben findet man mit kleiner Intensität bei Frequenzen unterhalb ν_0 die sog. <u>Stokes-Linien</u>. Ihre Frequenzen erklären sich dadurch, dass das auf die Probe auffallende Lichtquant einen Teil seiner Energie zur Anregung höherer Rotations- und/oder Schwingungszustände der streuenden Moleküle abgegeben hat. Weiter findet man im Streulicht bei höheren Frequenzen als ν_0 die sog. <u>Anti-Stokes-Linien</u>. Diese sind dadurch zu verstehen, dass eine Uebertragung von Rotations- und/oder Schwingungsenergie von den Molekülen der Probe an das gestreute Lichtquant möglich ist. Da bei Raumtemperatur nur relativ wenige Moleküle in angeregten Schwingungszuständen vorkommen, sind die Anti-Stokes-Linien, welche dem Schwingungs-Ramaneffekt entsprechen, weniger intensiv als die entsprechenden Stokes-Linien.

Bei der Lichtstreuung an Gasen beobachtet man somit wie bei der IR-Absorption das Rotations-Schwingungsspektrum des Moleküls, während man an flüssigen oder festen Proben lediglich das Schwingungsspektrum findet. Vor der Entwicklung der IR-Technik bot die Raman-Spektroskopie eine Möglichkeit zum Studium der Schwingungszustände von Molekülen unter Verwendung der spektroskopischen Methoden im sichtbaren Spektralbereich. Auch heute hat die Raman-Spektroskopie ihre Bedeutung, weil ihre Auswahlregeln anders sind als bei der IR-Absorption.

Dies kann durch das folgende klassische Modell plausibel gemacht werden: Wir betrachten das einfallende Licht als kontinuierliche elektromagnetische Welle mit dem elektrischen Vektor

$$\vec{F} = \vec{F}_0 \cos \omega_0 t \qquad (\omega_0 = 2\pi\nu_0) \qquad (5.39)$$

Nach der klassischen Vorstellung kommt die Lichtstreuung dadurch zustande, dass in diesem Feld die Moleküle infolge ihrer Polarisierbarkeit $\underline{\alpha}$ ein induziertes Dipolmoment

$$\vec{\mu}_{ind} = \underline{\alpha}\vec{F} \qquad (5.40)$$

annehmen. Da $\vec{F}$ sich periodisch ändert, ändert sich auch $\vec{\mu}_{ind}$. Der zeitlich veränderliche Dipol strahlt das Streulicht aus. Im Verlauf einer Schwingung kann sich aber die Polarisierbarkeit ändern

$$\underline{\alpha} = \underline{\alpha}_0 + \underline{\alpha}'\cos\omega_s t \qquad (\omega_s = 2\pi\nu_s) \qquad (5.41)$$

ν_s sei die Schwingungsfrequenz. Die Amplitude des induzierten Dipols wird dann mit der Frequenz der Schwingung moduliert und das elektrische Feld $\vec{F}_s$ des gestreuten Lichtes wird entsprechend

$$\vec{F}_s \sim \vec{\mu}_{ind} = \underline{\alpha}_0\vec{F}_0\cos\omega_0 t + \underline{\alpha}'\vec{F}_0\cos\omega_0 t\cos\omega_s t \qquad (5.42)$$

Mit der trigonometrischen Formel

$$\cos\alpha \cdot \cos\beta = \tfrac{1}{2}\cos(\alpha+\beta) + \tfrac{1}{2}\cos(\alpha-\beta) \qquad (5.43)$$

geht dies in

$$F_s \sim \underline{\alpha}_0\cos\omega_0 t + \tfrac{1}{2}\underline{\alpha}'\cos(\omega_0+\omega_s)t + \tfrac{1}{2}\underline{\alpha}'\cos(\omega_0-\omega_s)t \qquad (5.43)$$

über, was zeigt, dass im Streulicht ausser der Linie mit unveränderter Frequenz ω_0 noch die Stokes-Linie $(\omega_0-\omega_s)$ und die Anti-Stokes-Linie $(\omega_0+\omega_s)$ zu finden sind, falls $\underline{\alpha}' \neq 0$, d.h. wenn die Polarisierbarkeit sich im Verlauf der Normalschwingung ω_s ändert.

Bei zweiatomigen Molekülen ändert sich die Polarisierbarkeit mit dem Kernabstand, weil dadurch die Elektronenstruktur verändert wird. Daher zeigen auch zweiatomige Moleküle mit gleichen Atomen ein Raman-Spektrum, während der entsprechende IR-Uebergang verboten ist. Bei mehratomigen Molekülen mit einem Symmetriezentrum sind die IR-inaktiven Schwingungen Raman-aktiv und umgekehrt. Dies kann man z.B. am CO_2-Molekül anschaulich machen (vgl. Figur 5.5): Die symmetrische Streckschwingung ist IR-inaktiv. Da sich die beiden C=O-Bindungen gleichzeitig verlängern, ändern sich auch die Beiträge zur Polarisierbarkeit der Elektronen der beiden Bindungen gleichzeitig im selben Sinn, was eine Veränderung der gesamten Molekülpolarisierbarkeit bewirkt. Diese Schwingung ist daher Raman-aktiv. Bei der antisymmetrischen Streckschwingung verkürzt sich dagegen die eine Bindung, während sich die andere verlängert. Die Veränderung der Polarisierbarkeit der Elektronen der einen Bindung wird durch die gegenläufige Veränderung des Beitrags der anderen Bindung zur Polarisierbarkeit laufend kompensiert. Damit ist diese Schwingung Raman-inaktiv, während sie wegen der Dipolmomentänderung IR-aktiv ist.

Eine nicht an Modellvorstellungen gebundene Ableitung dieser
Gesetzmässigkeit lässt sich mit Hilfe der Gruppentheorie geben.

6. Übergänge zwischen Elektronenzuständen

Literatur:

1. G. Herzberg, Molecular Spectra and Molecular Structure.
   I.   Spectra of Diatomic Molecules. Van Nostrand 1964.
   III. Electronic Spectra and Electronic Structure of Polyatomic Molecules. Van Nostrand 1966.
2. J.N. Murrell, The Theory of the Electronic Spectra of
   Organic Molecules. Chapman and Hall, London (1971).
3. M. Pestemer, Correlation Tables for the Structural De-
   termination of Organic Compounds by UV-Absorptiometry,
   Verlag Chemie (1975).
4. L. Lang, Absorption Spectra in the Ultraviolet and Visible
   Region, Krieger (1978).
5. M.D. Lump, Luminescence Spectroscopy, Academic Press
   (1978).
6. N.J. Turro, Modern Molecular Photochemistry, Benjamin,
   London (1978).
7. W. Demptröder, Laser Spectroscopy, Springer (1981).

6.1. Das Spektrum eines Elektrons im eindimensionalen Potentialkasten

Gemäss Teil IV Abschnitt 3.1 hat in einem unendlich tiefen
Potentialtopf der Länge L ein Elektron die Energiezustände

$$E_n = \frac{h^2}{8mL^2} n^2 \qquad (6.1)$$

Der Uebergang von einem Quantenzustand n' zu einem Endzustand n" ist daher mit der Absorption oder Emission eines
Lichtquants der Energie

$$h\nu = \frac{h^2}{8mL^2} |(n''^2 - n'^2)| \qquad (6.2)$$

verbunden. Wählt man L von der Grössenordnung der Lineardi-
mension eines Moleküls (L = 500 pm) und betrachtet den Uebergang von n' = 1 zu n" = 2, so erhält man als Absorptionsfrequenz ν = 1,10·10^{15} Hz, was einer Wellenlänge von 272 nm

entspricht. Wir erwarten somit Elektronenübergänge im UV-
oder im sichtbaren Gebiet des Spektrums.

Es ist nun zu untersuchen, inwiefern solche Uebergänge erlaubt sind. Dazu ist gemäss Anhang II das elektronische
Uebergangsmoment

$$\mu_{e\ell n'n''} = \int \psi_{n''} \hat{\mu} \psi_{n'} dx \tag{6.3}$$

auszuwerten. Der Dipoloperator ist in diesem Fall

$$\hat{\mu} = -e\hat{x} \tag{6.4}$$

und die Wellenfunktionen lauten, wie im Teil IV, Abschnitt
3.1 abgeleitet, wenn der Koordinatennullpunkt in die Kasten-
mitte gelegt wird, im Bereich $-\frac{L}{2} < x < \frac{L}{2}$

$$\psi_n = \sqrt{\frac{2}{L}} \cos \frac{n\pi x}{L} \qquad \text{für } n = 1, 3, 5 \ldots$$

$$\tag{6.5}$$

$$\psi_n = \sqrt{\frac{2}{L}} \sin \frac{n\pi x}{L} \qquad \text{für } n = 2, 4, 6 \ldots$$

Ausserhalb dieses Bereiches verschwinden sie. Ohne das Integral in (6.3) vollständig auszuwerten, sieht man, dass es für
einen Uebergang zwischen zwei Zuständen mit ungeradem n verschwindet, weil die entsprechenden ψ-Funktionen zur Kasten-
mitte symmetrisch sind, der Operator aber diesbezüglich antisymmetrisch ist. Ebenso verschwindet das Uebergangsmoment
zwischen zwei Zuständen mit geradem n, weil das Produkt der
antisymmetrischen sin-Funktionen symmetrisch ist und mit dem
antisymmetrischen Operator multipliziert werden muss. Der In-
tegrand in 6.3 ist daher auch in diesem Fall eine antisymme-
trische Funktion. Nur zwischen einem Zustand mit ungeradem
und einem Zustand mit geradem n hat das Uebergangsmoment
einen endlichen Wert.

Dies zeigt, dass auch für Elektronenübergänge Auswahlregeln
bestehen.

6.2. Das Spektrum eines zweiatomigen Moleküls im Gaszustand

Wir benützen die Born-Oppenheimer-Näherung (vgl. Teil IV,
Abschnitt 4.4) und stellen dementsprechend die Energie E(R)
der Elektronen und der Kernabstossung in Figur 6.1 für zwei
Elektronenzustände k' und k" in Abhängigkeit vom Kernabstand
R dar. In diesem Potential schwingen die Kerne. Die Schwin-
gungsenergie sei im oberen Zustand $E_s^{k''}$ und im unteren Zustand

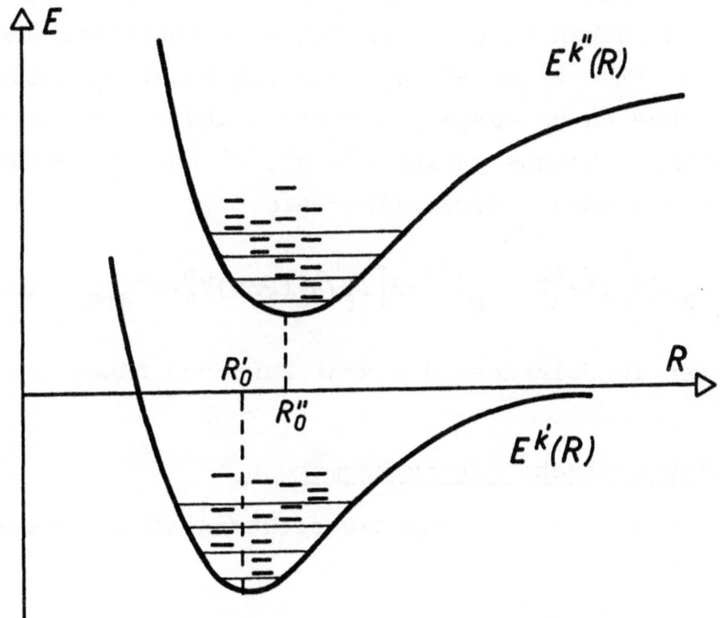

Figur 6.1   Energiezustände eines freien, zweiatomigem Moleküls (BO-Näherung)

$E_s^{k'}$. Ferner kann das Molekül, da der Gaszustand vorausgesetzt
ist, im oberen Zustand die Rotationsenergie $E_{rot}^{k''}$ und im unteren Zustand $E_{rot}^{k'}$ besitzen. Eine mögliche Absorptionsfrequenz
ist daher

$$\nu = \frac{1}{h}\left[\left(E^{k''}(R_0'') + E_s^{k''} + E_{rot}^{k''}\right) - \left(E^{k'}(R_0') + E_s^{k'} + E_{rot}^{k'}\right)\right] \qquad (6.6)$$

Da die Schwingungs- und Rotationsenergiedifferenzen wesentlich kleiner sind als die Differenz der Elektronenenergie,

entspricht diese Absorptionsfrequenz i.a. einer Wellenlänge
im ultravioletten oder sichtbaren Spektralgebiet. Die Zahl
der Kombinationsmöglichkeiten zwischen Schwingungs- und Rotationszuständen des tieferen und des höheren Elektronenzustandes ist ungeheuer gross. Die Zahl der im Spektrum auftretenden Linien ist aber wesentlich eingeschränkt, weil
Auswahlregeln bestehen.

Wie im Anhang II gezeigt, ist die Komponente i des Uebergangsmomentes zwischen einem durch den elektronischen Anteil
$\Phi_{k'}$, den vibratorischen Anteil $\psi_n^{k'}$ und den Rotationsanteil
$Y_\ell^{m'}$ gekennzeichneten BO-Ausgangszustand a und einem durch
die entsprechenden Quantenzahlen k", n", ℓ" und m" charak-
terisierten Endzustand e darstellbar als

$$\vec{\mu}_{ae,i} = \mu_{e\ell k'k''}(R_e)\int \psi_{n''}^{(k'')}\psi_{n'}^{(k')}dR\int Y_{\ell''}^{m''*}F_i(\vartheta\varphi\eta)Y_{\ell'}^{m'}d\tau_{\vartheta\varphi\eta} \qquad (6.7)$$

Wir diskutieren im folgenden die drei Faktoren näher.

6.2.1. <u>Das elektronische Uebergangsmoment</u>

$\mu_{e\ell k'k''}$ ist der absolute Betrag des elektronischen Ueber-
gangsmoment-Vektors

$$\vec{\mu}_{e\ell k'k''} = -e\int \Phi_{k''}^*\sum_j \hat{\vec{r}}_j\Phi_{k'}d\tau_{e\ell} \qquad (6.8)$$

Wie das Dipolmoment hat das Uebergangsmoment in bezug auf
das Molekül eine bestimmte Richtung, welche durch seine
Komponenten in bezug auf ein molekülfestes Koordinatensystem
gegeben ist. Die Richtung des elektronischen Uebergangsmoments im Molekül bezeichnet man als die Polarisationsrichtung
des Uebergangs. In Molekülen, die Symmetrieelemente aufweisen, sind die Elektronenfunktionen Φ entweder symmetrisch
oder antisymmetrisch in bezug auf die entsprechenden Symme-
trieoperationen. Der Operator $\sum\vec{r}_j$ mit den Komponenten

$$\sum_j \hat{x}_j \;, \quad \sum_j \hat{y}_j \quad \text{und} \quad \sum_j \hat{z}_j \qquad\qquad (6.9)$$

ist in bezug auf ein molekülfestes kartesisches Koordinatensystem antisymmetrisch. Wenn seine Achsen nach Möglichkeit
in die Symmetrieebenen des Moleküls gelegt werden, so ergibt
sich die Existenz oder das Verschwinden einzelner Komponenten des Uebergangsmomentes aus Symmetriebetrachtungen.

Wenn z.B. sowohl $\Phi_{k'}$ als auch $\Phi_{k''}$ in einem zweiatomigen
Molekül beide axialsymmetrisch in bezug auf die als z-
Achse gewählte Kernverbindungslinie sind, so können weder
die x- noch die y-Komponente einen endlichen Wert haben,
weil die Axialsymmetrie symmetrisches Verhalten von $\Phi_{k'}$
und $\Phi_{k''}$ bezüglich der x- und y-Richtung impliziert. Wegen
der Antisymmetrie des Operators sind somit gemäss (6.9) die
Integranden von (6.8) bei der Auswertung der x- und y-Komponenten von $\mu_{e\ell k'k''}$ antisymmetrisch, weshalb die Integrale
verschwinden. Für einen solchen Uebergang muss demnach das
Uebergangsmoment in der Kernverbindungslinie liegen. Die
Grösse dieser z-Komponente hängt von der Form der Elektro-
nenfunktionen $\Phi_{k'}$ und $\Phi_{k''}$ ab. Wenn $\Phi_{k'}$ und $\Phi_{k''}$ verschiedene
Spinfunktionen besitzen, also z.B. die eine Funktion einen
Singulett- und die andere einen Triplettzustand beschreibt,
so verschwindet auch dann, wenn die räumliche Symmetrie ein
endliches Uebergangsmoment ergäbe, das Uebergangsmoment
wegen der Orthogonalität der Spinfunktionen. Man nennt einen
solchen Uebergang Spin-verboten.

Moleküle werden durch Licht nur dann angeregt, wenn das
Uebergangsmoment eine Komponente in Richtung des elektrischen Lichtvektors hat. In einer flüssigen Lösung sind die
Moleküle und damit die Richtungen ihrer Uebergangsmomente
räumlich regellos verteilt. Die Absorption ist daher unabhängig von der Richtung des elektrischen Lichtvektors des
eingestrahlten Lichtes. Wenn aber wie z.B. in Kristallen oder
auf gestreckten Fasern für einen eingebetteten Farbstoff die

Moleküle eine Vorzugsrichtung aufweisen, so hängt im polarisierten Licht die Absorptionsstärke von der Richtung des elektrischen Vektors gegenüber der Probe ab. Man nennt diese Erscheinung Dichroismus.

6.2 2. Der Franck-Condon-Faktor

Das Integral

$$\int \psi_{n''}^{(k'')} \psi_{n'}^{(k')} dR \qquad (6.10)$$

in (6.7) wird als Franck-Condon-Integral bezeichnet. Sein Quadrat ist der Franck-Condon-Faktor, welcher die relative Wahrscheinlichkeit der Uebergänge zwischen den Vibrationszuständen n' und n'' der beiden Elektronenzustände beschreibt.

Wenn die BO-Potentiale $E^{k'}(R)$ und $E^{k''}(R)$ genau gleich wären, so wären $\Psi_{n'}^{(k')}$ und $\Psi_{n''}^{(k'')}$ als Eigenfunktionen desselben Hamiltonoperators orthonormal, und deshalb wären nur Uebergänge mit n'' = n' erlaubt. Tatsächlich unterscheiden sich aber $E^{k'}(R)$ und $E^{k''}(R)$ sowohl bezüglich der Lage des Minimums, als auch bezüglich der Krümmung in der Umgebung dieses Minimums, d.h. der Kraftkonstanten. Deshalb sind im allgemeinen $\psi_{n'}^{(k')}$ und $\psi_{n''}^{(k'')}$ Eigenfunktionen von verschiedenen Hamiltonoperatoren und daher nicht orthogonal. Dies bewirkt, dass in Elektronenspektren Uebergänge zwischen mehreren Vibrationszuständen beobachtet werden.

In Absorption gehen fast alle Uebergänge vom tiefsten Vibrationszustand n' = 0 des tieferen Elektronenzustandes k' aus. Wenn die Verschiebung der Gleichgewichtslage im Elektronenzustand k'' gross gegenüber der Breite der Schwingungsfunktionen ist, so überlappen sich $\psi_0^{(k')}$ und $\psi_0^{(k'')}$ nur wenig. Dieser sog. 0-0-Uebergang wird dann schwach, während der 0-1-Uebergang stärker ist, da sich $\Psi_1^{(k'')}$ weiter in jenes Gebiet ausdehnt, wo $\Psi_0^{(k')}$ eine grosse Amplitude hat. Wie in Figur 6.2 veranschaulicht, kann der Franck-Condon-Faktor

mit steigenden n" ein Maximum durchlaufen. Aus der Folge der
Intensitäten kann auf die Veränderung der Gleichgewichtslage
im angeregten Zustand k" gegenüber der Gleichgewichtslage im
Zustand k' geschlossen werden.

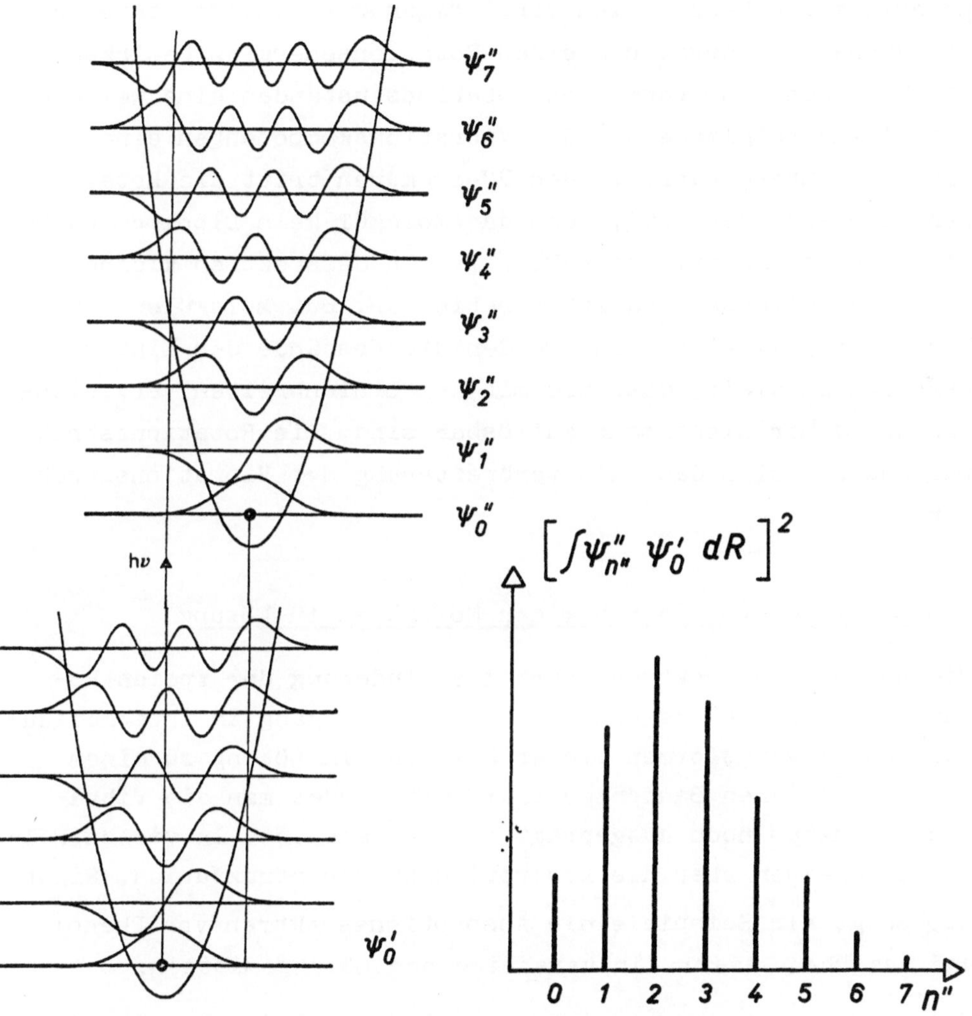

<u>Figur 6.2</u> Relative Intensität der Vibrationskomponenten
eines elektronischen Uebergangs

Die Summe der Franck-Condon-Faktoren für die von einem bestimmten Schwingungszustand ausgehenden Uebergänge ist eins.

6.2.3. Die Rotations-Auswahlregeln

Wie im Anhang II behandelt, ist das dritte Integral in (6.7)
nur dann von null verschieden, wenn $\ell'' = \ell' \pm 1,0$ und $m'' = m'$
ist. ($\ell'' = \ell'$ kommt nur bei quer zur Kernverbindungslinie
polarisierten Uebergängen vor.) Wegen der im Verhältnis zu
den Vibrationsenergien kleinen Rotationsenergien bewirken
die Uebergänge zwischen den Rotationszuständen eine weitere,
i.a. feine Aufgliederung der Vibrationskomponenten eines
Elektronenüberganges. In den UV-Spektren tritt die Rotationsstruktur auch dann auf, wenn das Molekül kein Dipolmoment besitzt. Diese Rotationsstruktur ist in Gasspektren kleinerer
Moleküle auflösbar und interpretierbar. Bei Molekülen mit
grösserem Trägheitsmoment werden die Abstände der Linien
meistens so klein, dass sie mit den Linienbreiten vergleichbar und daher nicht mehr auflösbar sind. Die Rotationsstruktur äussert sich dann als Verbreiterung der Vibrationsstruktur.

6.3. Spektren von mehratomigen Molekülen in Lösung

Wie bei den IR-Spektren führt die Hinderung der freien Rotation durch die Umgebung, d.h. ihr Uebergang in intermoleku-
lare Schwingungsformen tiefer Frequenz in Lösung zu einem
kontinuierlichen Bandenspektrum. Oft findet man die Vibrationsstruktur noch ausgeprägt oder angedeutet. In vielen Fällen erscheinen aber die Absorptionsbanden strukturlos. Figur
6.3 zeigt als Beispiele die Absorptionsspektren von Phenol
und des Phenolations in verschiedenen Lösungsmitteln.

Solche Spektren lassen sich am besten durch Angabe eines
Extinktionskoeffizienten ε in Abhängigkeit der Wellenzahl
oder Wellenlänge des eingestrahlten Lichtes beschreiben.

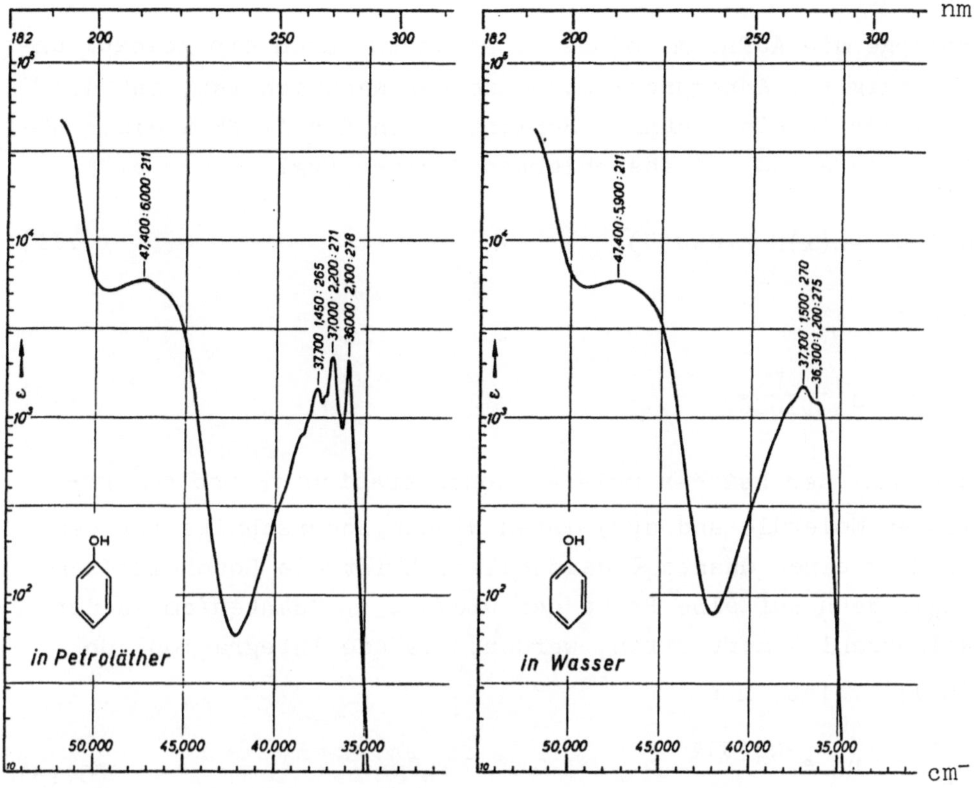

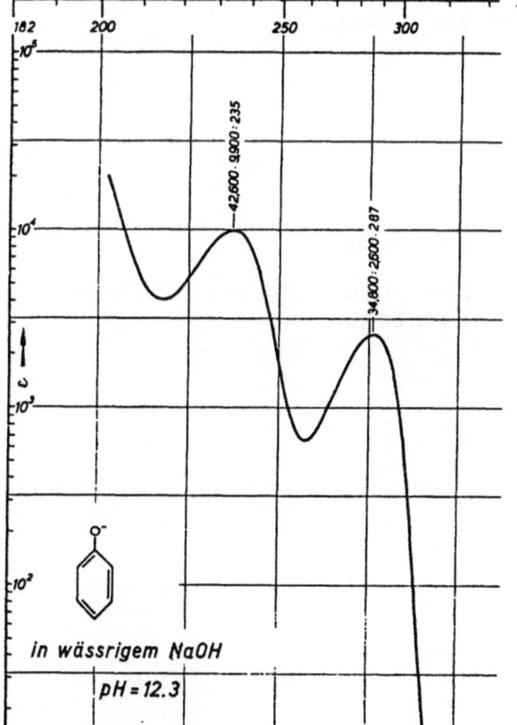

Figur 6.3

UV-Absorptionsspektren
des Phenols und des
Phenolations

Solange die Aufnahme eines Lichtquants durch ein Molekül unabhängig vom Anregungszustand seiner Nachbarn ist, ist die
Zahl der in einer dünnen Schicht dx in der Tiefe x einer Lösung pro s und cm^2 absorbierten Quanten (vgl. Figur 6.4)

$$dn = -n(x)N \cdot dx\sigma(\tilde{\nu}), \qquad (6.11)$$

wobei

$$N = c_0 \cdot \frac{L}{1000} \qquad (6.12)$$

die Zahl der bei der molaren Konzentration c_0 pro cm^3 ge-
lösten Moleküle und $\sigma(\tilde{\nu})$ ihren Wirkungsquerschnitt für den
Einfang eines Quants $\tilde{\nu}$ darstellen. L ist die Loschmidt'sche
Zahl. Wenn auf eine Probe der Dicke ℓ n_0 Quanten/$cm^2 \cdot$s der
Wellenzahl $\tilde{\nu}$ auftreffen, werden, wie die Integration von
(6.11) zeigt, noch

$$n_\ell = n_0\, e^{-N\sigma(\tilde{\nu})\ell} \qquad (6.13)$$

Quanten pro s und cm^2 die Probe verlassen.

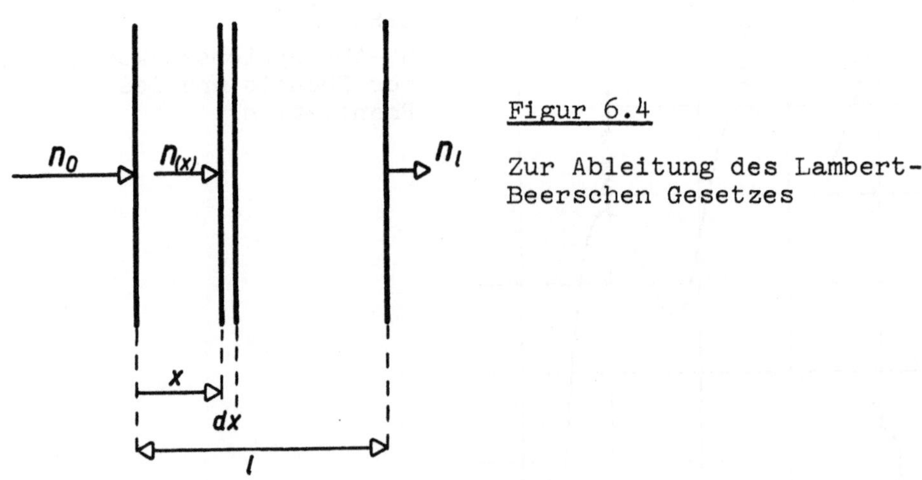

Figur 6.4

Zur Ableitung des Lambert-
Beerschen Gesetzes

Da n_0 und n_ℓ der Intensität $I(\tilde{\nu})$ des Lichtes proportional sind, kann man mit (6.12) die Gleichung (6.13) auch als

$$I_\ell(\tilde{\nu}) \;=\; I_0(\tilde{\nu}) \; e^{-c_0 \frac{L}{1000} \sigma(\tilde{\nu})\ell}$$

$$\phantom{I_\ell(\tilde{\nu})} \;=\; I_0(\tilde{\nu})10^{-\varepsilon(\tilde{\nu})c_0\ell} \qquad\qquad (6.14)$$

darstellen, wobei

$$\varepsilon(\tilde{\nu}) \;=\; \frac{1}{\ell n 10} \cdot \frac{L}{1000}\, \sigma(\tilde{\nu}) \qquad\qquad (6.15)$$

als molarer Extinktionskoeffizient bezeichnet wird. $\varepsilon(\tilde{\nu})$ hat die Dimension $M^{-1}cm^{-1}$ und kann nach Aussage von (6.15) als Mass für den Wirkungsquerschnitt eines Moleküls für den Einfang eines Quants $\tilde{\nu}$ aufgefasst werden.

Gleichung (6.14) wird als das <u>Lambert-Beer'sche Gesetz</u> bezeichnet. Der negative Exponent

$$D(\tilde{\nu}) \;=\; \varepsilon(\tilde{\nu})c_0\ell$$

ist die optische Dichte der Probe. Aus $D(\tilde{\nu})$ berechnet sich die Transmission

$$T(\tilde{\nu}) \;=\; \frac{I_\ell(\tilde{\nu})}{I_0(\tilde{\nu})} \;=\; 10^{-D(\tilde{\nu})} \qquad\qquad (6.17)$$

Das Lambert-Beersche Gesetz ist sehr gut erfüllt, solange die bei seiner Ableitung getroffenen Annahmen gelten. Die optische Dichte erweist sich als proportional zur Konzentration, sofern keine Wechselwirkungen (z.B. Assoziation) zwischen gelösten Molekülen eintreten, und sie ist bei gegebener Konzentration auch proportional zur Schichtdicke ℓ, solange innerhalb der spektralen Bandbreite des Messlichtes sich $\varepsilon(\tilde{\nu})$ nicht wesentlich ändert. Ferner wurde bei der Herleitung stillschweigend vorausgesetzt, dass die Zahl der sich

im Grundzustand befindlichen Moleküle durch das Messlicht
nicht verändert werde. Wenn das einfallende Licht sehr intensiv ist oder ein langlebiger angeregter Zustand bevölkert
wird, können Abweichungen auftreten.

Bei Messungen von optischen Dichten sind Reflexionsverluste
an den Probenoberflächen durch Vergleichsmessung an einer nur
das reine Lösungsmittel enthaltenden Zelle apparativ oder
rechnerisch zu korrigieren. Man kann dann leicht an 0,5 cm^3
Lösung eine Transmission von 95% relativ zu einer von 100%
unterscheiden, d.h. eine optische Dichte von 0,02 feststellen. Da die Extinktionskoeffizienten vieler Substanzen
in dem apparativ leicht zugänglichen Wellenlängengebiet von
200 - 1000 nm Werte von über 10^4 $M^{-1}cm^{-1}$ aufweisen können,
bietet die UV-Absorption ein sehr empfindliches analytisches
Hilfsmittel zum spezifischen und quantitativen Nachweis von
Stoffmengen der Grössenordnung 10^{-9} mol.

6.4. Charakterisierung von Absorptionsbanden in Lösung

Der Extinktionskoeffizient $\varepsilon(\tilde{\nu})$ ist nicht nur eine Eigenschaft des gelösten Stoffes. Sein spektraler Verlauf wird
durch das Lösungsmittel (siehe Figur 6.3) und die Temperatur
mitbestimmt. Zu jeder Angabe eines Extinktionskoeffizienten
gehört deshalb die Angabe des Lösungsmittels und der Messtem-
peratur. Will man auf eine kurvenmässige Wiedergabe von $\varepsilon(\tilde{\nu})$
verzichten, so kann eine grobe Charakterisierung einer Absorptionsbande durch Angabe der Wellenzahl $\tilde{\nu}_{max}$ erfolgen,
bei welcher der maximale Extinktionskoeffizient ε_{max} auftritt. Nach Aussage von Figur 6.2 liefert $\tilde{\nu}_{max}$ i.a. nicht

den Unterschied zwischen der elektronischen Energie des End-
und Ausgangszustandes. Diese Grösse kann man in Fällen, wo
eine Vibrationsstruktur an erlaubten Elektronenbanden beobachtet wird, aus der Lage der langwelligsten Vibrationskom-
ponente angenähert ermitteln.

Wesentlich unabhängiger vom Lösungsmittel als $\varepsilon(\tilde{\nu})$ ist die sogenannte <u>Oszillatorstärke</u> $f_{k'k''}$ eines elektronischen Uebergangs zwischen zwei Zuständen. Man definiert

$$f_{k'k''} = \frac{2,303 \cdot 4 \cdot \varepsilon_0 cm_{e\ell}}{e^2 L} \int_{\text{Bande}} \varepsilon(\tilde{\nu}) d\tilde{\nu}$$

$$= 4,32 \cdot 10^{-9} \int_{\text{Bande}} \varepsilon(\tilde{\nu}) d\tilde{\nu} \qquad (6.18)$$

$m_{e\ell}$ und e sind Elektronenmasse und -ladung, c die Lichtgeschwindigkeit. Das Integral ist über die im Wellenzahlmassstab aufgetragene Bande $\varepsilon(\tilde{\nu})$ zu bilden. Dabei ist man oft bei sich überlappenden Banden verschiedener Elektronenzustände auf eine Extrapolation der Bandenkontur angewiesen. Die Oszillatorstärke ist darum eine wichtige Grösse, weil sie in einer einfachen Beziehung zum elektronischen Uebergangsmoment $\mu_{e\ell k'k''}$ steht. In einer isotropen Lösung gilt angenähert

$$f_{k'k''} = \frac{8\pi^2 cm_{e\ell}}{3he^2} \tilde{\nu} \, |\mu_{e\ell k'k''}|^2$$

$$= 4,229 \cdot 10^{52} \, \tilde{\nu} |\mu_{e\ell k'k''}|^2 \qquad (6.19)$$

wo $\tilde{\nu}$ eine mittlere Wellenzahl der Absorptionsbande darstellt. Mit Hilfe von (6.19) ist es möglich, aus experimentell ermittelten Oszillatorenstärken elektronische Uebergangsmomente zu berechnen und mit theoretischen Werten zu vergleichen, welche sich unter Verwendung von (6.8) aus den berechneten Elektronenfunktionen $\Phi_{k'}$ und $\Phi_{k''}$ ergeben.

6.5. Beobachtungsmaterial und seine Deutung im Hückelmodell

Das Beobachtungsmaterial betrifft meist den Wellenlängenbereich oberhalb 200 nm. Die in der Literatur verstreuten Angaben werden durch Tabellenwerke wie z.B.

Organic Electronic Spectral Data, Vol. I-IX, Wiley 1966-1973

zugänglich. Ausserdem bestehen Spektralatlanten, in welchen, allerdings für eine kleinere Zahl von Verbindungen, die Absorptionskurven $\varepsilon(\tilde{\nu})$ dargestellt sind, z.B.

UV-Atlas organischer Verbindungen, Vol. I-V, Verlag Chemie 1966-71.

Aus dem vorliegenden umfangreichen Tatsachenmaterial lassen sich gewisse Regeln ableiten und aufgrund quantenchemischer Modelle deuten. Einige der beobachteten Regelmässigkeiten sollen im folgenden aufgeführt und anhand des im Teil IV besprochenen Hückelmodells gedeutet werden.

a) Gesättigte Kohlenwasserstoffe absorbieren sehr kurzwellig (λ < 140 nm, $\tilde{\nu}$ > 80 kK).

In diesen Molekülen bestehen nur Einfachbindungen, die sich durch Ueberlappung von sp^3-Orbitalen der C-Atome miteinander oder mit dem 1s-Orbital der H-Atome beschreiben lassen. Die Ueberlappung von zwei solchen Orbitalen bedingt eine Energieerniedrigung von zwei Valenzelektronen, die so gross ist, dass die Abstossung der positiven Atomrümpfe überkompensiert wird. Da die resultierende Bindungsenergie etwa 3 eV (290 kJ/mol) und bei einem Abstand von 150 pm die Coulomb-Abstossungsenergie zwischen zwei einfach positiv geladenen Atomrümpfen 9,6 eV beträgt, muss der Energiegewinn der Bindungselektronen im bindenden σ-Orbital etwa 12,6 eV betragen. M.a.W. der Hückel-Parameter β muss etwa den Wert -6,3 eV besitzen. Da alle bindenden Orbitale besetzt sind, ist die Lichtabsorption einem Elektronenübergang in ein antibindendes Orbital σ^* zuzuschreiben, dessen Energie im Abstand $|2\beta|$

oberhalb der Energie des σ-Orbitals liegt. Die mit dem Elektronenübergang $\sigma \rightarrow \sigma^*$ verbundene Energieaufnahme beträgt somit nach dem Hückelmodell etwa 12,6 eV, was einer Absorption um 100 nm entspricht, in Übereinstimmung mit der Beobachtung.

b) <u>Olefinische C=C-Doppelbindungen</u> absorbieren um 175 nm mit $\varepsilon_{max} \approx 10^4$ $M^{-1}cm^{-1}$.

Da in Doppelbindungen gegenüber Einfachbindungen zusätzlich π-Elektronen auftreten, liegt es nahe, die charakteristisch langwelligere Absorption diesen zuzuschreiben. Aufgrund der Uebergangsenergie lässt sich nicht sicher entscheiden, ob die Anregung einem $\pi \rightarrow \pi^*$- oder einem $\pi \rightarrow \sigma^*$-Uebergang entspricht. Beim $\pi \rightarrow \sigma^*$-Uebergang haben die beteiligten Orbitale die in Figur 6.5 dargestellte Form. Ihr Produkt $\pi \times \sigma^*$ muss zur Bildung der Komponenten des Uebergangsmoments mit den entsprechenden Koordinaten multipliziert und integriert werden. Da, wie aus Figur 6.5a ersichtlich, sowohl $y \times \pi \times \sigma^*$ als auch $z \times \pi \times \sigma^*$ gleich viele positive und negative Bereiche gleichen Gewichts besitzen, verschwinden die y- und z-Komponenten des Uebergangsmomentes. Weil π und σ^* in x-Richtung symmetrisch sind, muss auch die x-Komponente verschwinden. Der Uebergang $\pi \rightarrow \sigma^*$ ist somit in der unpolaren C-C-Doppelbindung elektronisch verboten. Erfahrungsgemäss treten elektronisch verbotene Uebergänge trotzdem mit geringer Intensität ($\varepsilon \approx 100$ $M^{-1}cm^{-1}$) in Elektronenspektren auf, weil die Symmetrie der Moleküle infolge der Schwingungen nicht in jedem Moment der vollen, zum Verschwinden des Uebergangsmomentes führenden Symmetrie entspricht.

In der selben Weise kann man das Uebergangsmoment des $\pi \rightarrow \pi^*$-Ueberganges behandeln. Aus Figur 6.5b folgt, dass seine z-Komponente von null verschieden sein muss, während die x- und y-Komponenten verschwinden. Die Grösse der z-Komponente lässt sich unter Verwendung der Orbitale

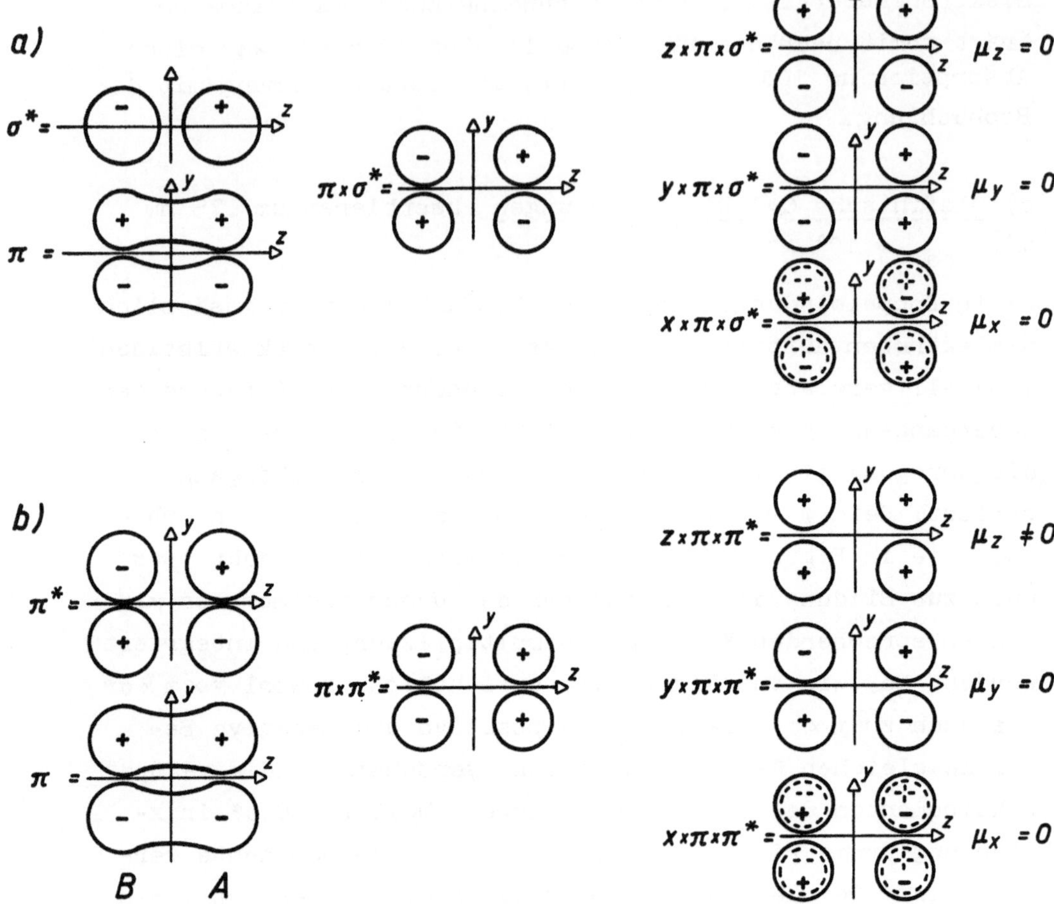

<u>Figur 6.5</u>   Zur Diskussion der Uebergangsmomente in unpolaren
olefinischen C=C-Doppelbindungen

$$\pi = \frac{1}{\sqrt{2}}\left(p_{yA} + p_{yB}\right) \qquad \pi^* = \frac{1}{\sqrt{2}}\left(p_{yA} - p_{yB}\right) \tag{6.20}$$

abschätzen zu

$$\mu_{el\,z} = \frac{-e}{2}\int \left(p_{yA} - p_{yB}\right) z \left(p_{yA} + p_{yB}\right) d\tau$$

$$= \frac{-e}{2}\int p_{yA}^2 z\,d\tau + \frac{e}{2}\int p_{yB}^2 z\,d\tau \tag{6.21}$$

Da näherungsweise

$$\int p_{yA}^2 z d\tau \;\approx\; z_A \int p_{yA}^2 d\tau \;=\; z_A \tag{6.22}$$

gilt, ist

$$\mu_{el\,z} \;\approx\; \frac{-e}{2} z_A + \frac{e}{2} z_B$$

woraus mit $z_A = \frac{d}{2}$ und $z_B = \frac{-d}{2}$

$$\mu_{el\,z} \;\approx\; -e \frac{d}{2} \tag{6.23}$$

folgt. Der Atomabstand d ist etwa 130 pm. Damit wird
$\mu_{el\,z} \approx 1,6 \cdot 10^{-19} C \cdot 65$ pm $= 1,04 \cdot 10^{-29} Cm = 3,1$ D.

Unter Verwendung von (6.19) kann daraus die Oszillatorstärke der entsprechenden Bande zu f = 0,26 ermittelt werden.
Die beobachtete Breite der Bande ist ca. $\Delta \tilde{\nu} = 5000$ cm^{-1}, so
dass das Integral über die Absorptionskurve durch $\Delta\nu \cdot \epsilon_{max}$
abgeschätzt werden kann. Die Gleichung (6.18) liefert dann
$\epsilon_{max} = 1,2 \cdot 10^4$ M^{-1}cm^{-1}, was dem beobachteten Wert gut entspricht. Die Berechnung des Uebergangsmomentes und Berück-
sichtigung der Intensität führt somit zu einer eindeutigen
Zuordnung der Absorptionsbande bei 175 nm zu einem $\pi \rightarrow \pi^*$-
Uebergang.

Die energetische Lage ist in Anbetracht der - verglichen
mit der Ueberlappung der sp^3-Orbitale - kleineren Ueberlappung der p-Orbitale und des dadurch verkleinerten Wertes
des Parameters β verständlich.

c) <u>Nicht konjugierte Ketone</u> zeigen die folgenden Absorptionsbanden:

λ = 270 nm	$\epsilon_{max} \approx 20$ M^{-1}cm^{-1}		
λ = 190 nm	$\epsilon_{max} \approx 10^3$ M^{-1}cm^{-1}		
λ = 155 nm	$\epsilon_{max} \approx 10^4$ M^{-1}cm^{-1}		

Die Elektronenstruktur der Carbonylgruppe kann man sich
etwa wie in Figur 6.6 gezeichnet vorstellen.

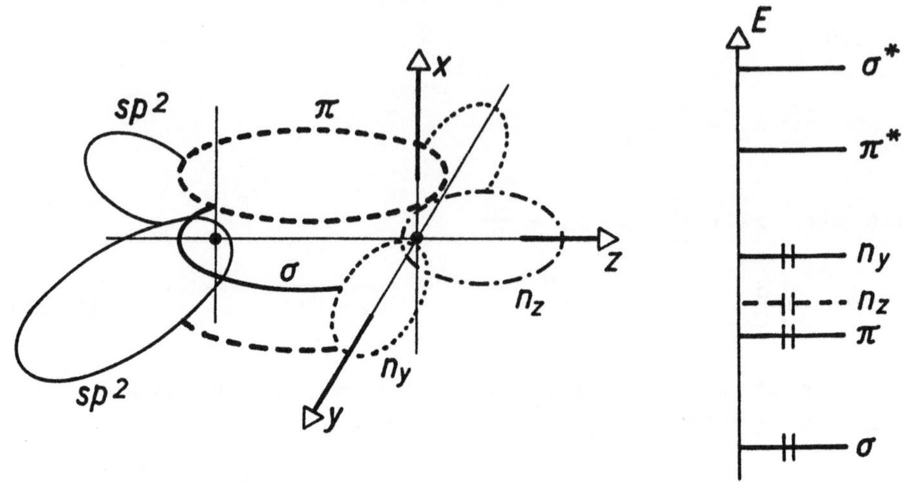

Figur 6.6   Elektronenstruktur der Carbonylgruppe und Abfolge
der Orbitalenergien

Die Orbitale sp² vermitteln die Bindungen zum Rest des Moleküls. Im Grundzustand sind die Orbitale σ, n_z, n_y und π
doppelt besetzt. Die unbesetzten Orbitale σ^* und π^* besitzen
eine zur C-O-Bindung senkrechte Knotenfläche.

Gemäss dem Energieschema in Figur 6.6 ist zu erwarten, dass
die langwelligste Bande einem $n_y \rightarrow \pi^*$-Uebergang eines Elektrons zuzuordnen ist. Dafür spricht auch die kleine Intensität. Wie man sich anhand der Symmetrie von n_y und π^* sofort klar macht, ist dieser Uebergang elektronisch verboten.
Dass er dennoch auftritt, ist auf momentane Abweichungen
von der Symmetrie im Verlaufe der Molekülschwingungen zurückzuführen.

Die Zuordnung der mittelstarken Bande bei 190 nm ist weni-
ger sicher. In Frage kommen ein $n_y \rightarrow \sigma^*$, ein $n_z \rightarrow \pi^*$ oder

ein $\sigma \rightarrow \pi^*$-Uebergang. Alle drei Möglichkeiten entsprechen einem erlaubten Uebergang mit relativ kleinem Uebergangsmoment ähnlicher Grösse. Die Lage der n_z-Orbitalenergie ist unsicher. Als wahrscheinlichste Zuordnung wird $\sigma \rightarrow \pi^*$ betrachtet.

Die starke Absorptionsbande bei 155 nm kann dagegen gut durch einen $\pi \rightarrow \pi^*$-Uebergang gedeutet werden, der in z-Richtung polarisiert sein muss.

d) <u>Lineare Systeme mit konjugierten Doppelbindungen</u> zeigen eine mit zunehmender Kettenlänge langwelliger und stärker werdende Absorptionsbande. In Figur 6.7 sind die an einigen solchen Systemen gemessenen Absorptionswellenlängen in Abhängigkeit von der Zahl n der konjugierten Doppelbindungen aufgetragen.

Man erkennt, dass bei den Cyanin-Ionen, wo im Grundzustand die Lage der Doppelbindungen nicht fixiert ist (die mesomere Grenzstruktur mit dem quaternären Stickstoff-Atom auf der linken Seite hat das gleiche Gewicht wie die gezeichnete), die Absorptionswellenlänge annähernd proportional mit der Kettenlänge wächst, während bei den Polyenen mit im Grundzustand partiell lokalisierten Doppelbindungen die Absorptionswellenlänge mit wachsendem n einem Grenzwert zuzustreben scheint.

Dieses Verhalten kann im Hückelmodell weitgehend gedeutet werden. Wenn im Grundzustand alle Bindungslängen und damit auch die β-Werte zwischen p-Orbitalen auf benachbarten Atomen als gleich angenommen werden, so nimmt, wie man sich anhand von HMO-Tabellen überzeugen kann, der Energieabstand zwischen dem höchsten besetzten und dem tiefsten unbesetzten Molekülorbital mit zunehmendem n in der Weise ab, dass mit $\beta = -3,5$ eV sehr angenähert der bei den Cyanin-Ionen beobachtete Verlauf reproduziert wird. Bei den Polyenen sind nach Aussage von Röntgenstrukturuntersuchungen die Bindungs-

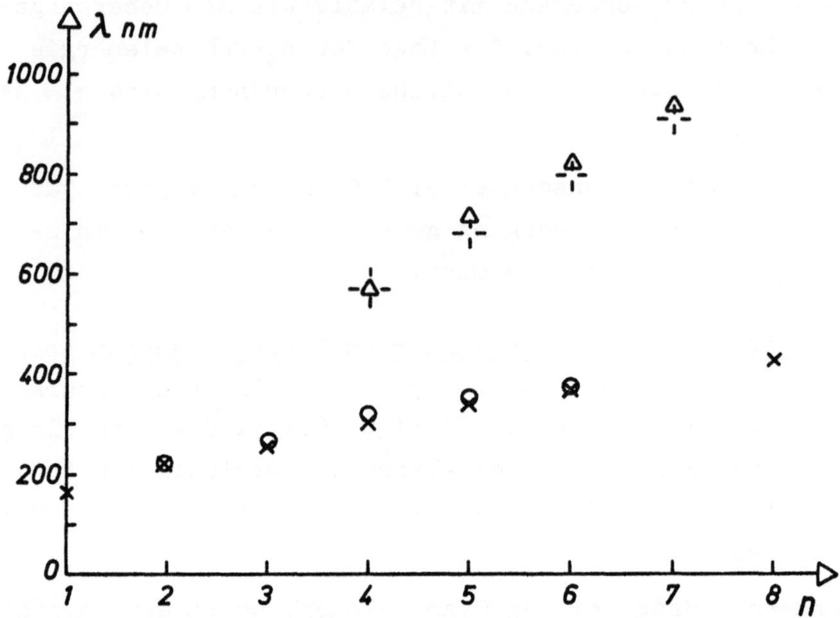

Figur 6.7 Zusammenhang zwischen Absorptionswellenlänge und Kettenlänge in Systemen konjugierter Doppelbindungen

Δ : $C_2H_5 - N$ ... $C = C + C = C +_{n-4} C$ ... $N - C_2H_5$

o : $CH_3 +C = C+_{n-1} C$ ... H / O

x : $R_1 +C = C+_n R_2$

$-\!\!\mid\!\!-$: Resultat von Hückelrechnung mit $\beta = -3{,}5$ eV

längen der Doppelbindungen kürzer als die der Einfachbindungen. Deshalb ist es gerechtfertigt, die β-Werte für die Doppelbindungen absolut etwas grösser zu wählen als für die Einfachbindungen. Mit dieser Modifikation ist auch der Verlauf $\lambda_{max}(n)$ bei Polyenen mit Hilfe des Hückelmodells deutbar.

e) <u>Aromatische Systeme.</u> Benzol zeigt die folgenden Absorptionsbanden:

λ = 250 nm $\qquad$ $\epsilon \approx 10^2$ $M^{-1}cm^{-1}$ (starke Vibrationsstruktur)

λ = 200 nm $\qquad$ $\epsilon = 7 \cdot 10^3$ $M^{-1}cm^{-1}$

λ = 180 nm $\qquad$ $\epsilon = 7 \cdot 10^4$ $M^{-1}cm^{-1}$

Nach dem Hückelmodell erwartet man, wie in Figur 6.8 dargestellt, vier Uebergänge bei der gleichen Energie (7 eV wenn β = -3,5 eV gewählt wird), was mit der Beobachtung nicht übereinstimmt. Dies zeigt die Grenzen der Anwendbarkeit des Hückelmodells. Modelle, bei welchen die Elektronenwechselwirkung explizit berücksichtigt wird, z.B. das Pariser, Parr, Pople-Modell (PPP) zeigen, dass nur zwei angeregte Elektronenzustände entartet sind, während die beiden andern nach tieferen Energien verschoben werden und den Absorptionsbanden bei 250 nm und 200 nm zugeordnet werden können. Die

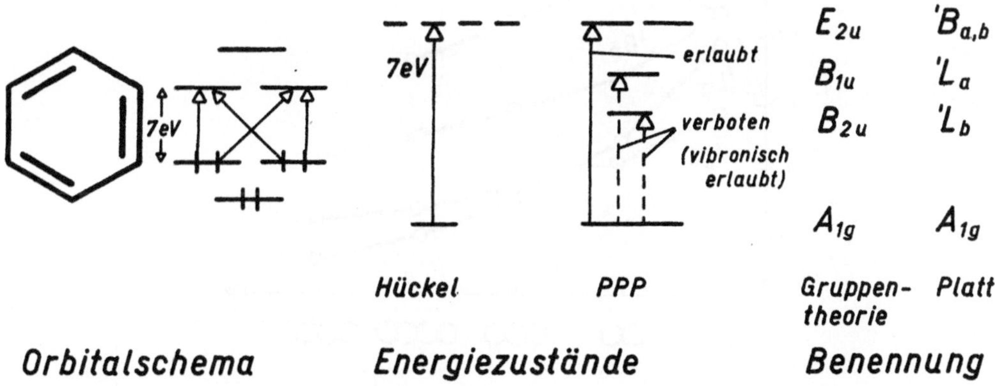

<u>Figur 6.8</u> Zur Deutung der Absorptionsbanden von Benzol

beiden letzteren Uebergänge sind elektronisch verboten, werden aber infolge der Schwingungen des Moleküls um die Gleichgewichtslage "vibronisch erlaubt". Die Bezeichnung der Elektronenzustände gemäss der Gruppentheorie und gemäss einer

von Platt vorgeschlagenen, häufig verwendeten Nomenklatur
ist ebenfalls in Figur 6.8 angeführt. Die Plattsche Bezeichnung hat den Vorteil, dass sie, weil sie sich allgemein von
den Elektronenzuständen zyklischer π-Elektronensysteme ab-
leitet, auch auf Aromaten mit niedrigerer Symmetrie als
Benzol ausgedehnt werden kann und eine gleiche Bezeichnung
gleichartiger angeregter Zustände einführt. Auf diese Weise
kann sie die Verwandtschaft der Spektren von Aromaten zum
Ausdruck bringen.

In Figur 6.9 sind die Spektren von katakondensierten aromatischen Kohlenwasserstoffen miteinander verglichen. Bei
niedriger-symmetrischen Molekülen ist der B_{ab}-Zustand ebenfalls aufgespalten.

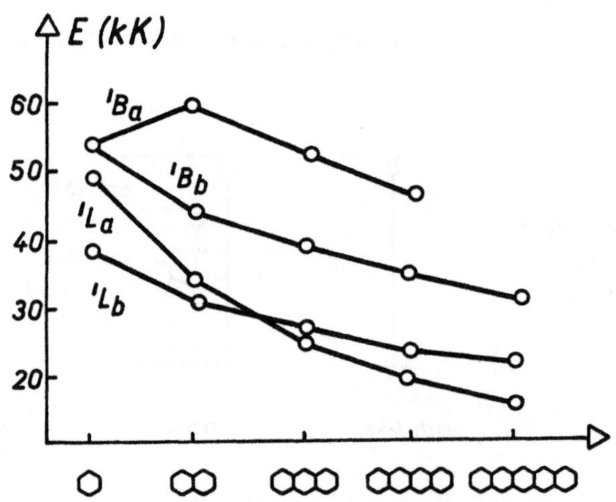

Figur 6.9 Vergleich der Spektren einiger katakondensierter
aromatischer Kohlenwasserstoffe

f) Substituenteneffekte

Wie Figur 6.10 am Beispiel von Benzol veranschaulicht, sind
die Spektren von substituierten Kohlenwasserstoffen dem
Spektrum des entsprechenden unsubstituierten Kohlenwasser-
stoffs ähnlich. Die Veränderungen in den Bandenlagen und

-intensitäten durch Substituenten können störungstheoretisch weitgehend gedeutet werden (vgl. z.B. Murrell). In gewissen Fällen findet man zusätzliche Banden, die durch intramolekulare Ladungsübertragung bei der Anregung erklärt werden können.

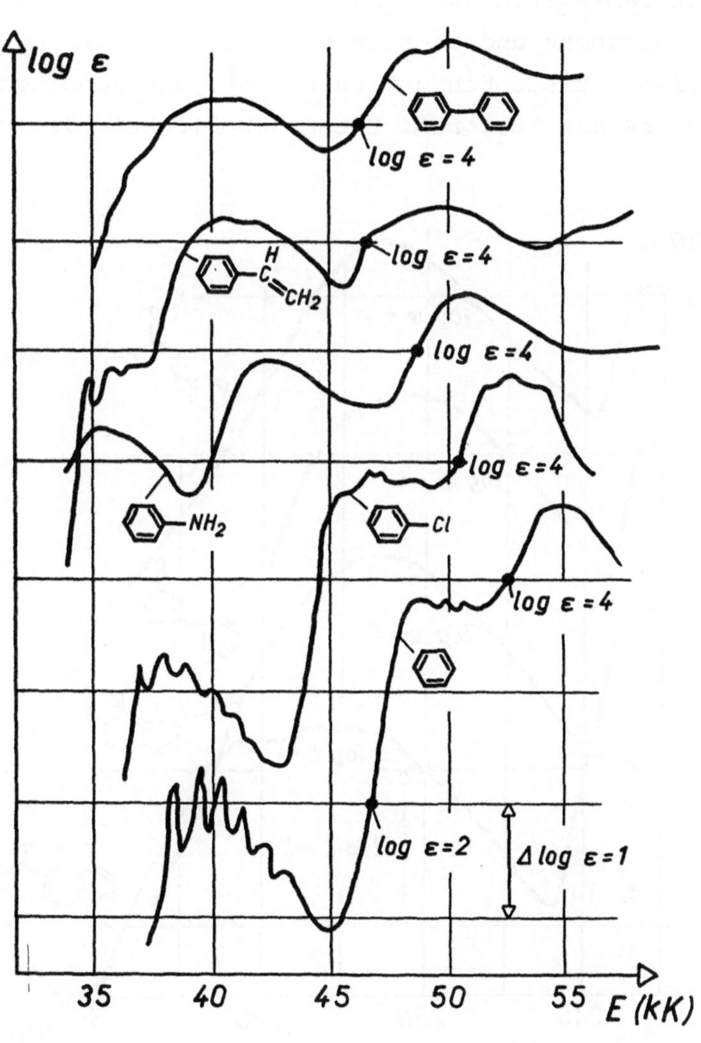

Figur 6.10 Substituenteneffekte bei Benzol

Aus dem Vorstehenden ergibt sich, dass die UV-Spektren
organischer Substanzen im Wellenlängengebiet oberhalb
200 nm im wesentlichen durch das System konjugierter Doppelbindungen bestimmt und daher für dieses charakteristisch
sind. Daher können UV-Spektren zur Bestimmung des Systems
konjugierter Doppelbindungen in organischen Molekülen herangezogen werden. Figur 6.11 zeigt für eine Gruppe von Molekülen, in denen sich das konjugierte System nur durch die
räumliche Anordnung und schwach wirkende gesättigte Kohlen-
wasserstoff-Substituenten unterscheidet, die Aehnlichkeit
der entsprechenden Spektren. Diese Aehnlichkeit demonstriert

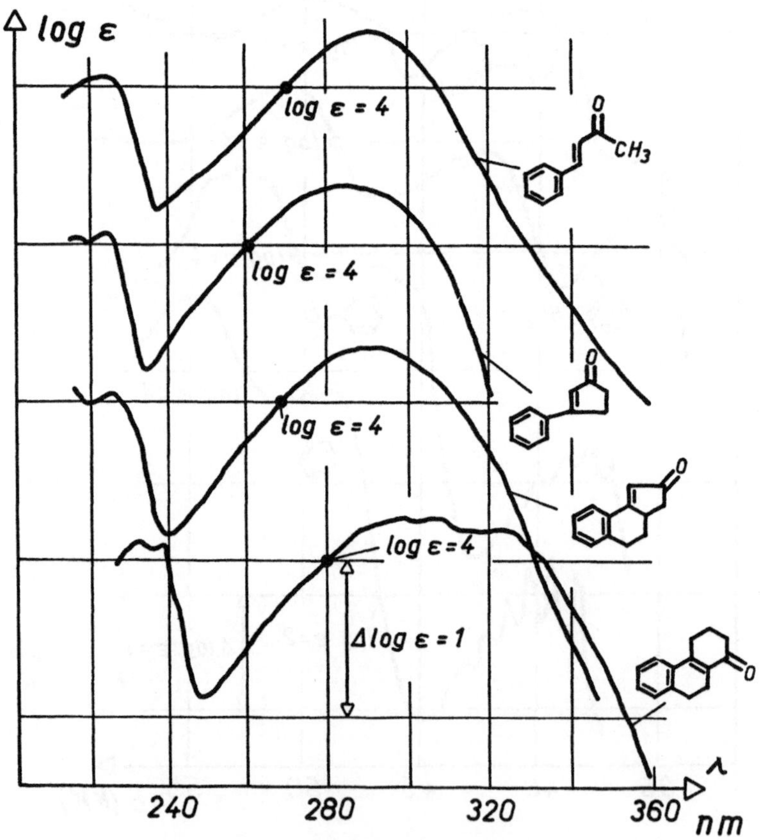

<u>Figur 6.11</u> Vergleich von UV-Spektren von Molekülen mit
gleichartigen konjugierten Systemen

aber gleichzeitig die Beschränkung der Anwendung von UV-
Spektren zur Strukturbestimmung: Sie geben wenig Aufschluss
über die nicht das System von konjugierten Doppelbindungen
betreffenden strukturellen Elemente. Zur Identifikation von
Substanzen sind i.a. die IR-Spektren geeigneter.

6.6. Desaktivierung von angeregten Molekülen in Lösung

Verwendet man konventionelle Lichtquellen (Xe-Lampe, Sonnen-
licht), so erreicht man im UV- und sichtbaren Absorptionsge-
biet der meisten Substanzen Quantenflüsse von grössenordnungsmässig 10^{-7}Einstein/cm^2 s. Eine Substanz mit $\varepsilon = 10^4$
M^{-1}cm^{-1} hat gemäss (6.15) einen Absorptions-Wirkungsquer-
schnitt $\sigma = 4.10^{-17}$ cm^2. Ein Molekül wird in einem solchen
Lichtstrom daher im Mittel etwa 4 mal pro Sekunde angeregt.
Die Tatsache, dass i.a. bei Licht dieser Intensität das Lam-
bert-Beer'sche Gesetz gut erfüllt ist, zeigt, dass die Zahl
der Moleküle im Grundzustand nicht wesentlich abgenommen hat,
d.h. dass die Moleküle in viel kürzeren Zeiten als 1/4 s
wieder in den Grundzustand zurückkehren.

Die Prozesse der Desaktivierung werden am übersichtlichsten
anhand des in Figur 6.12 dargestellten sog. Jablonski-Dia-
gramms diskutiert. Der Singulett-Grundzustand S_0 und die
angeregten Singulett-Zustände S_1 und S_2 sowie die Triplett-
Zustände T_1 und T_2 werden mit ihren Vibrationsunterzustän-
den in einer Energieskala aufgetragen. Wir betrachten den
allgemeinen Fall, wo ein Molekül durch Absorption eines
Lichtquants in einen angeregten Vibrationszustand eines
angeregten Elektronenzustandes (z.B. S_2) gelangt ist. In
flüssiger Lösung erfolgt die Desaktivierung zum tiefsten
Vibrationszustand des tiefsten angeregten Elektronenzustandes (S_1) sehr rasch in grössenordnungsmässig 10^{-11}s; die
Energie wird an das Lösungsmittel abgegeben. S_1 hat, wenn
keine photochemischen Reaktionen auftreten, i.a. eine
Lebensdauer von $10^{-9} - 10^{-8}$ s, während welcher Zeit sich

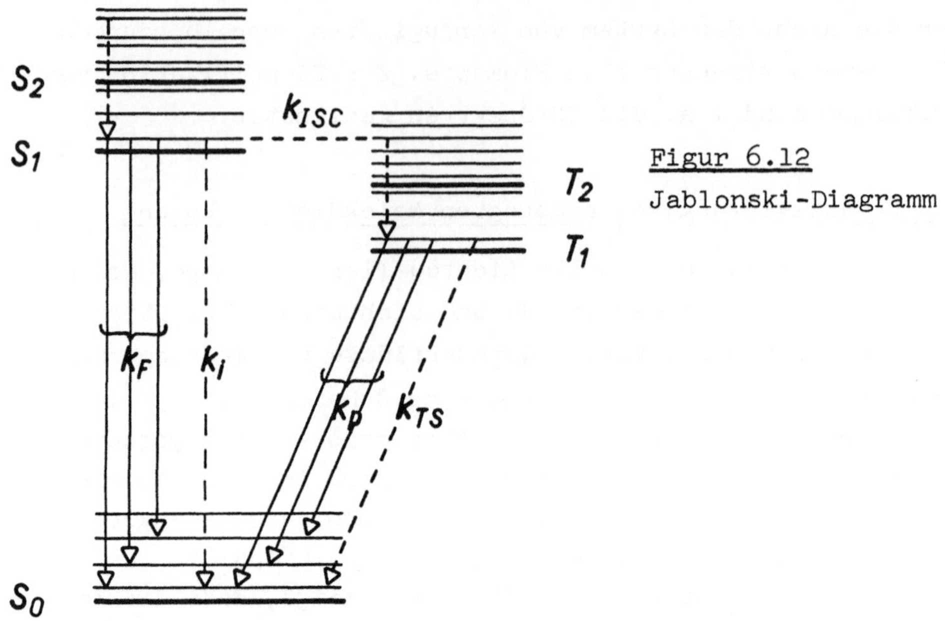

Figur 6.12
Jablonski-Diagramm

das thermische Gleichgewicht mit der Umgebung praktisch
vollständig einstellen kann. Dies bedeutet, dass die meisten
Moleküle in S_1 in den tiefsten Vibrationszustand von S_1 gelangen bevor weitere Desaktivierungsschritte erfolgen. Diese
können verschiedener Natur sein:

a) Aussendung eines Lichtquants (<u>Fluoreszenz</u>). Dabei wird
ein Vibrationszustand des Grundzustandes erreicht. Wenn
die Schwingungsfrequenzen in S_1 nicht sehr verschieden sind
von den Schwingungsfrequenzen in S_0, sind die Franck-Condon-
Faktoren für die Emission ähnlich wie für die Absorption.
Dies bedeutet, dass die Vibrationsstruktur des Fluoreszenzspektrums ähnlich wie im Absorptionsspektrum sein sollte.
Im Absorptionsspektrum dehnt sie sich vom 0-0-Uebergang
nach höheren Wellenzahlen aus, wogegen sie sich im Emissionsspektrum, wie aus Figur 6.12 ersichtlich, nach tieferen
Wellenzahlen erstreckt. Dies führt zu der oft beobachteten
und in Figur 6.13 am Beispiel von Anthracen dargestellten

Spiegelbildlichkeit des Fluoreszenzspektrums und der ersten
Absorptionsbande.

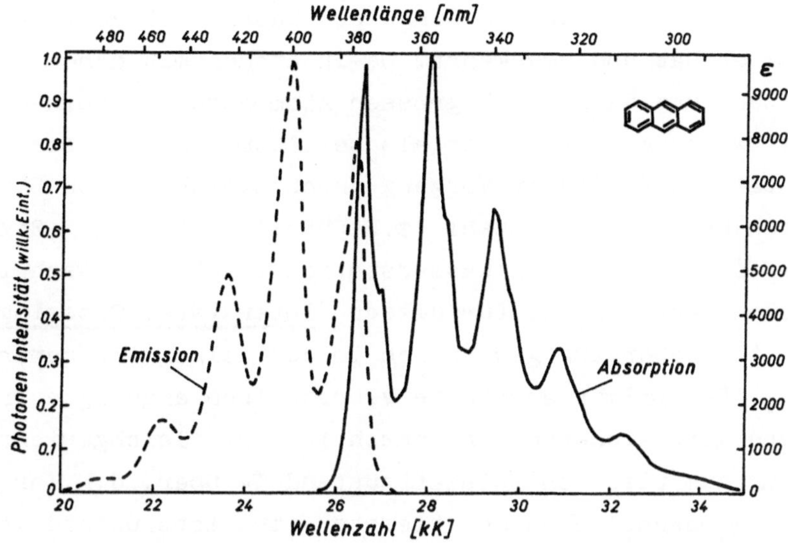

Figur 6.13 Längstwellige Absorptionsbande und Fluoreszenz-
spektrum von Anthracen (Lösung in Cyclohexan)

Die Kinetik der Fluoreszenzemission kann durch eine Geschwindigkeitskonstante 1.Ordnung, k_F, beschrieben werden.
k_F steigt mit dem Quadrat des elektronischen Uebergangsmomentes μ_{01} zwischen S_0 und S_1. Bei Verbindungen mit hoher
Oszillatorstärke im langwelligsten Elektronenübergang ist
daher k_F gross (meist in der Grössenordnung von einigen
10^8 s^{-1}).

b) Eine weitere Möglichkeit der Desaktivierung in den Grundzustand besteht in der <u>inneren Konversion</u>. Dabei geht das
Molekül aus dem tiefsten Vibrationszustand von S_1 in einen
hohen Vibrationszustand von S_0 mit ähnlicher Energie über,
aus welchem dann strahlungslos durch Energieabgabe an das
Lösungsmittel der Grundzustand erreicht wird. Die Geschwindigkeitskonstante dieses Vorgangs, k_i, hat von Molekül zu
Molekül sehr unterschiedliche Werte. Bei aromatischen Koh-

c) Das Molekül kann aus dem tiefsten Vibrationszustand von
S_1 auch in einen Triplettzustand übergehen. Dieser Vorgang
wird dadurch möglich, dass infolge der Spin-Bahn-Wechsel-
wirkung jedes Molekül im Singulett-Zustand etwas Triplett-
Charakter hat und umgekehrt. Da in Atomen mit hoher Ordnungszahl und damit auch grosser Atommasse die Spin-Bahn-
Wechselwirkung grösser ist als bei Atomen mit tiefer Ordnungszahl, wird dieser Vorgang durch Einführen von Substituenten hoher Ordnungszahl (z.B. Brom) begünstigt (Schwer-
atomeffekt). Bei Kohlenwasserstoffen liegt die Geschwindigkeitskonstante, k_{ISC}, für diesen "Intersystem Crossing"
genannten Uebergang gewöhnlich in der selben Grössenordnung
wie k_F. Der primär erreichte vibratorisch angeregte Triplettzustand geht wiederum sehr rasch in eine Gleichgewichtsverteilung zum tiefsten Triplettzustand T_1 über, d.h. es entsteht im wesentlichen der tiefste Vibrationszustand von T_1.

d) Wenn nicht rasche chemische Umwandlungen auftreten, so
sind die Desaktivierungsprozesse aus T_1 wesentlich lang-
samer. Wegen des i.a. geringen Singulett-Charakters von T_1
erfolgt die Ausstrahlung von Licht gewöhnlich mit Geschwindigkeitskonstanten, k_P, zwischen 10^{-1} und 10^3 s^{-1}. Dieses
aus dem Triplettzustand emittierte Licht wird Phosphoreszenz
genannt. Weil T_1 tiefer liegt als S_1, ist die Phosphoreszenz
stets langwelliger als die Fluoreszenz. Die Energiedifferenzen zwischen S_1 und T_1 liegen gewöhnlich zwischen 0,1 - 1 eV
(800 - 8000 cm^{-1}).

e) <u>Der strahlungslose Uebergang aus dem T_1-Zustand</u> in den Grundzustand ist ebenfalls möglich. Seine Geschwindigkeitskonstante k_{TS} liegt in starren Lösungen oft in der Grössenordnung von k_P. In flüssigen Lösungen, wo Moleküle von Verunreinigungen in unvermeidbar kleinen Mengen (10^{-8} M) während der relativ langen Lebensdauer des T_1-Zustandes mit grosser Wahrscheinlichkeit durch Diffusion das angeregte Molekül erreichen und seine Energie übernehmen können, wird k_{TS}, das hier diese bimolekularen Vorgänge auch umfassen soll, meist so gross, dass die Phosphoreszenzstrahlung nicht beobachtet werden kann.

Unter der <u>Quantenausbeute</u> Φ_X eines Vorgangs oder eines Zustandes X versteht man die Wahrscheinlichkeit, mit welcher er nach Absorption eines Quants auftritt, also

$$\Phi_X = \frac{\text{Zahl der Fälle, in denen X auftritt}}{\text{Zahl aller absorbierten Quanten}}$$

Mit den in diesem Abschnitt eingeführten Geschwindigkeitskonstanten ausgedrückt wird z.B. die <u>Fluoreszenzquantenausbeute</u>

$$\Phi_F = \frac{k_F}{k_F + k_i + k_{ISC}}, \tag{6.24}$$

die <u>Triplettquantenausbeute</u>

$$\Phi_T = \frac{k_{ISC}}{k_F + k_i + k_{ISC}}, \tag{6.25}$$

und die <u>Phosphoreszenzquantenausbeute</u>

$$\Phi_P = \Phi_T \cdot \frac{k_P}{k_P + k_{TS}} = \frac{k_{ISC} k_P}{(k_F + k_i + k_{ISC})(k_P + k_{TS})} \tag{6.26}$$

6.7. Induzierte Emission, Laser

Besitzt ein Molekül einen verhältnismässig langlebigen angeregten Zustand, so kann dieser durch Einstrahlen von sehr
intensivem Licht oder auch durch Elektronenstoss in Glimm-
entladungen weit über das dem thermischen Gleichgewicht entsprechende Mass bevölkert werden. In verschiedenen Fällen
lässt sich erreichen, dass dieser angeregte Zustand stärker
bevölkert ist als der Grundzustand. Strahlt ein Molekül in
diesem Zustand ein Lichtquant aus, so ist es wegen der hohen Dichte an angeregten Molekülen nicht unwahrscheinlich,
dass dieses Lichtquant in einem anderen angeregten Molekül
die Emission eines weiteren gleichen Quants induziert.
Diese Wahrscheinlichkeit kann dadurch noch erhöht werden,
dass man die Probe zwischen zwei Spiegeln anordnet, was bewirkt, dass sie von einem emittierten Quant mehrmals durchlaufen werden kann. Die induziert emittierten Quanten regen
weitere angeregte Moleküle zur Emission an. Es entsteht
eine "Photonenlawine". Da die induziert emittierten Quanten
in Richtung des induzierenden Quants und kohärent damit aus-
gestrahlt werden, entsteht dadurch ein sehr intensives, ge-
richtetes Lichtbündel, von dem ein Teil durch einen der
Spiegel, der eine kleine Lichtdurchlässigkeit besitzt, aus-
treten kann. Eine solche Anordnung ist ein Laser.

Das Laserlicht ist sehr monochromatisch, selbst dann, wenn
das Emissionsspektrum bei kleinen Anregungsintensitäten,
die noch nicht zur Bildung einer Photonenlawine führen, poly-
chromatisch ist. Dies rührt daher, dass die Lawinenbildung
gewöhnlich bei _der_ Wellenlänge einsetzt, wo die grösste
Emissionswahrscheinlichkeit vorliegt. Die infolge der Laserwirkung rasche Verarmung an Molekülen in dem entsprechenden
Anregungszustand wird dadurch teilweise kompensiert, dass
Moleküle aus benachbarten Anregungszuständen durch intermo-
lekulare Wechselwirkung in diesen Zustand nachgeliefert werden, bevor sie durch andere Vorgänge (z.B. Lichtemission) in

den Grundzustand gelangen. Durch diesen Mechanismus wird ein
erheblicher Teil der ursprünglich in verschiedenen Anregungszuständen gespeicherten Energie in einem sehr engen
Wellenlängenintervall emittiert (vgl. Figur 6.14).

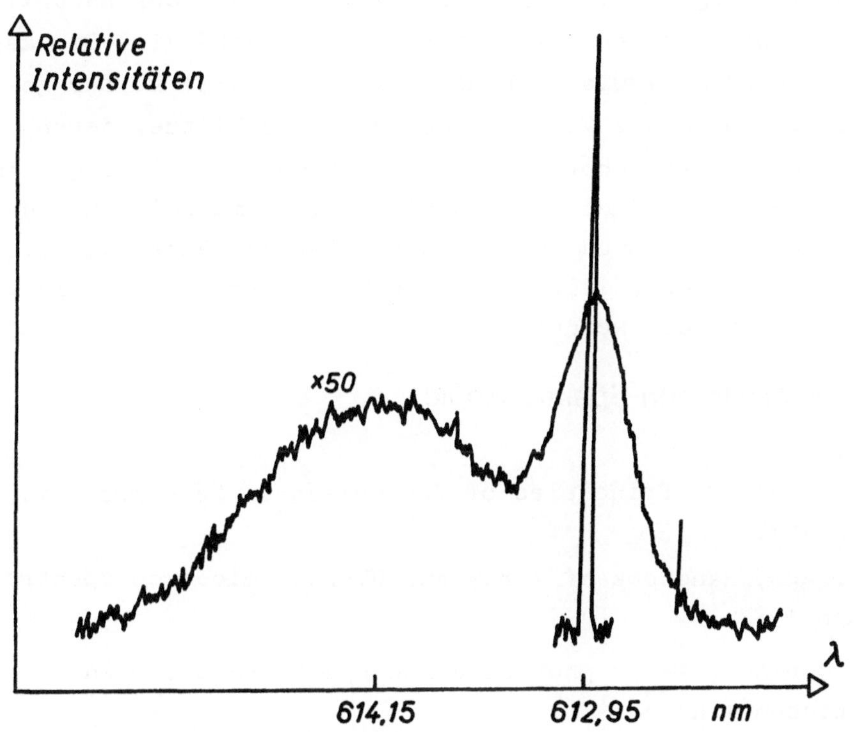

Figur 6.14 Laserwirkung bei einem Europium-Benzoylacetonat-
Laser. Die breite Kurve gibt das Emissionsspektrum vor Einsetzen der Laserwirkung wieder

Wenn man einen der Spiegel so ausbildet, dass nur ein enges
Wellenlängenintervall reflektiert wird (z.B. als optisches
Gitter oder als verspiegeltes Prisma), so kann man erreichen, dass die Laserwirkung nicht im Emissionsmaximum, sondern bei einer vorgewählten Wellenlänge in seiner Umgebung
stattfindet. Solche abstimmbare Laser lassen sich besonders

bei Verwendung gewisser Farbstoffe mit breiten Emissions-
banden realisieren.

Ausser den Lasern mit zeitlich kontinuierlicher Emission
werden häufig Laser mit gepulster Emission gebaut und benützt. Weil die Emission induziert erfolgt, ist die Dauer
der damit hergestellten Lichtblitze nicht von der natürli-
chen Lebensdauer der angeregten Zustände abhängig. Sie kann
durch Anwendung gewisser Kunstgriffe sehr viel kürzer gemacht werden. Heute verfügt man über Laserblitze, deren
Dauer in der Grössenordnung von 10^{-12} s (= 1 ps) liegt. In
dieser Zeit läuft das Licht weniger als 1 mm weit. So kurze
Pulse können zum Studium sehr schneller Vorgänge, wie sie
z.B. bei der Desaktivierung optisch angeregter Moleküle vorkommen, verwendet werden.

7. Photoelektronen-Spektroskopie

Literatur:
J.W. Rabalais, Principles of Photoelectron Spectroscopy.
Wiley 1977.

D. Briggs, Handbook of X-ray and UV-photoelectron spectra.
Heyden 1977.

T.A. Carlson, X-ray photoelectron spectroscopy. Dowdon,
Hutchinson & Ross 1978.

J. Berkowitz, Photoabsorption, Photoionization and Photoelectron Spectroscopy. Academic Press 1979.

K. Kimura et al., Handbook of HeI Photoelectron Spectra of
Fundamental Organic Molecules. Halsted Press, New York 1981.

7.1. Prinzip

Wenn ein Lichtquant $h\nu$ mit einer grösseren Energie als die
Ionisierungsenergie auf ein Molekül trifft, so kann ein
Elektron abgetrennt werden, dessen kinetische Energie E_e-
aus Energieerhaltungsgründen

$$E_{e^r} = h\nu - E_{Ion} \tag{7.1}$$

sein muss. wo E_{Ion} der Unterschied der Energie des bei dem

$$h\nu + M \longrightarrow M^+ + e^- \tag{7.2}$$

entstehenden Molekülkations M^+ gegenüber der Energie des Ausgangszustandes des neutralen Moleküls M bedeutet. Da die Masse des Elektrons und die relativistische Masse des Lichtquants sehr klein gegenüber der Molekülmasse sind, hat das entstehende Molekülion M^+ praktisch die gleiche Translationsenergie wie das ursprüngliche Molekül M. Deshalb kann man die Energie E_{Ion} als innere Energiedifferenz zwischen M^+ und M betrachten und sie in der Born-Oppenheimer-Näherung gemäss

$$E_{Ion} = E_{e\ell} + E_{vib} + E_{rot} \tag{7.3}$$

in einen elektronischen Anteil $E_{e\ell}$, einen vibratorischen Anteil E_{vib} und einen rotatorischen Anteil E_{rot} unterteilen.

Strahlt man mit monochromatischem Licht bekannter Wellenlänge ein und analysiert die kinetische Energie der entstehenden Photoelektronen, so kann man gemäss (7.1) die Energiezustände des Kations M^+ ermitteln.

7.2. Experimentelles

Ein Photoelektronen-Spektrometer besteht grundsätzlich aus einer möglichst monochromatischen Strahlungsquelle, dem Probenraum und dem Detektorsystem.

Als Strahlungsquelle können Gasentladungen dienen. Besonders häufig werden He-Entladungsrohre verwendet, welche neben einigen schwächeren, z.T. für eine Ionisation, zu langwelligen Linien, hauptsächlich die dem Uebergang aus dem $^1P_1$-Zustand in den Grundzustand des He-Atoms entsprechende Linie bei 58,4 nm (21,22 eV) aussenden (HeI-Strahlung). Für die Abionisierung von energetisch noch tiefer liegenden Valenzelektronen wird auch die HeII-Strahlung verwendet (He^+-Emission $^2P \to {}^2S_{1/2}$ bei 30,4 nm $\widehat{=}$ 40,8 eV). Beide Strahlungen liegen im UV-Gebiet des elektromagnetischen Spektrums; die

entsprechende Untersuchungsmethode der Valenzelektronen
wird deshalb auch UV-Photoelektronen-Spektroskopie genannt.

Elektronen, die den inneren Schalen der Atome im Molekülverband zugehören, ("core" oder Rumpf-Elektronen) haben eine
wesentlich grössere Bindungsenergie, so dass ihre Abionisation Photonenenergien entsprechend Röntgen-Wellenlängen
("X-rays") erfordert. Die entsprechende Technik wird denn
auch X-Photoelektronenspektroskopie genannt. Da, wie noch
gezeigt wird, diese Technik in der Analytik eine Rolle
spielt, wird auch der Name ESCA (= "Electron Spectroscopy
for Chemical Analysis") verwendet. Röntgenstrahlen entstehen
beim Auftreffen von Elektronen auf die aus einem chemischen
Element bestehende Antikathode einer Röntgenröhre. Neben dem
kontinuierlichen Bremsspektrum wird ein für das bestrahlte
Element charakteristisches Linienspektrum beobachtet (siehe
Abschnitt 8), aus welchem wegen ihrer hohen Intensität eine
Linie als praktisch monochromatische, Anregungsstrahlung verwendet werden kann. In der X-Photoelektronen-Spektroskopie
wird z.B. die Mg-Kα-Linie λ = 0.9869 nm (1257,7 eV) zur Anregung verwendet.

Die am besten aufgelösten Photoelektronenspektren erhält man
an Proben in der Gasphase bei möglichst kleinen Drucken, wo
die Elektronen ohne Streuung in das Detektorsystem gelangen
können. Es ist aber auch möglich, aus festen Proben mit
sauberer Oberfläche Photoelektronen auszulösen, deren Ener-
gieverteilung Rückschlüsse auf die Energiezustände des ent-
standenen Ions zulässt.

Das Detektorsystem besteht aus dem Energieanalysator und dem
Elektronendetektor. Durch Ablenkung in elektrischen oder
magnetischen Feldern ist es möglich, Elektronen in engen
Energiebereichen aus einem Elektronenstrahl mit endlichem
Oeffnungswinkel auszusondern. Das bei Photoelektronen-Spek-
trometern im Energiebereich bis ca. 15 eV erreichte Auf-
lösungsvermögen ist ca. 0,01 eV. Zum Nachweis der aus dem
Energieanalysator austretenden Elektronen verwendet man
meist Elektronenvervielfacher. Diese bestehen aus einem
System von Elektroden, die aus einer Legierung gefertigt

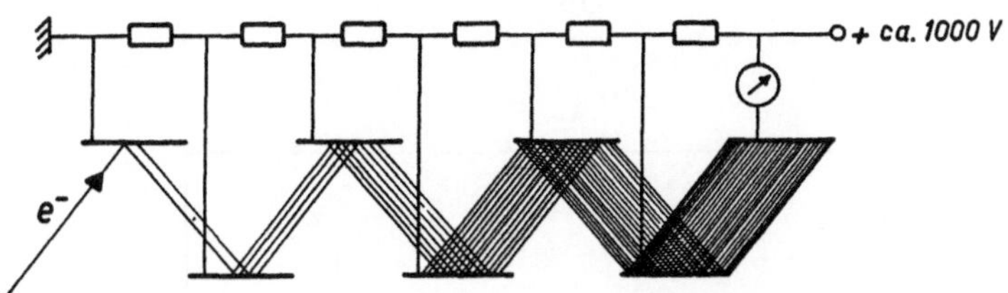

Figur 7.1 Zur Wirkungsweise des Elektronenvervielfachers

mehr als eines wieder emittiert. Wie in Figur 7.1 dargestellt, potenziert sich dieser Vervielfachungseffekt, so dass
ein auf die eine Elektrode auftreffendes Elektron zu einem an
der letzten Elektrode bis zu 10^8-fach verstärkten Ladungs-
impuls Anlass geben kann.

Es werden auch Detektorsysteme gebaut, in welchen nur
Elektronen mit sehr kleiner ($\approx$ 0,05 eV) kinetischer Energie eingefangen und nachgewiesen werden, während die
energiereicheren nicht erfasst werden. Bringt man einen
solchen Detektor auf eine negative Spannung von z.B.
10 Volt, so können die Elektronen mit $E_{e\ell}$ < 10 Volt diesen
nicht erreichen. Die Elektronen mit 10 eV < $E_{e\ell}$ < 10,05 eV
werden nachgewiesen, und die Elektronen mit $E_{e\ell}$ > 10,05 eV
passieren den Detektor, der somit zugleich als Energieanalysator wirkt.

7.3. UV-Photoelektronenspektren

Die im folgenden wiedergegebenen UV-Photoelektronenspektren
sind alle mit Anregung durch die HeI-Linie (21,22 eV) aufgenommen und haben deshalb die Untersuchung der Valenzelektro-
nen-Struktur zum Ziel. Als Abszisse ist nicht die gemessene
Energie der Photoelektronen, sondern die gemäss (7.1) daraus
berechnete Energie des Ions aufgetragen.

a) Aus dem <u>Krypton</u>-Atom (vgl. Figur 7.2) entsteht durch
Ionisation das Krypton-Kation. Von den beiden in den
Messbereich (< 21,22 eV) fallenden Ionenzuständen liegt der
eine, $^2P_{3/2}$, bei 14,0 eV, was gemäss der Definition (Teil IV,
Abschnitt 5.3) der ersten Ionisierungsenergie entspricht.
Der andere Zustand, $^2P_{1/2}$, wo der Elektronenspin dem Bahn-
drehimpuls entgegengerichtet ist, liegt ca. 0,665 eV höher.

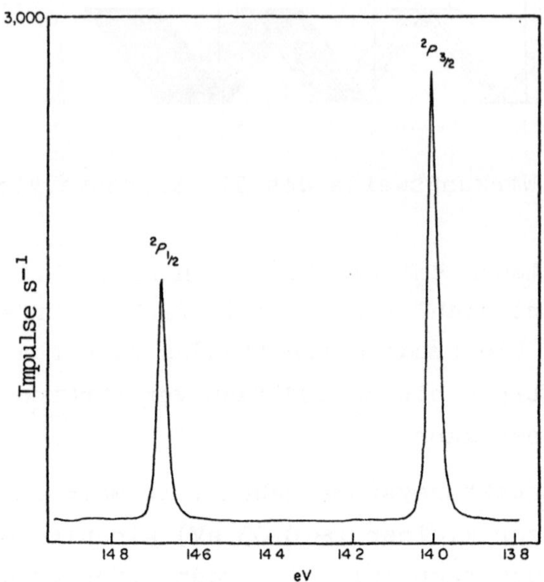

Figur 7.2   Das Photoelektronenspektrum von Krypton

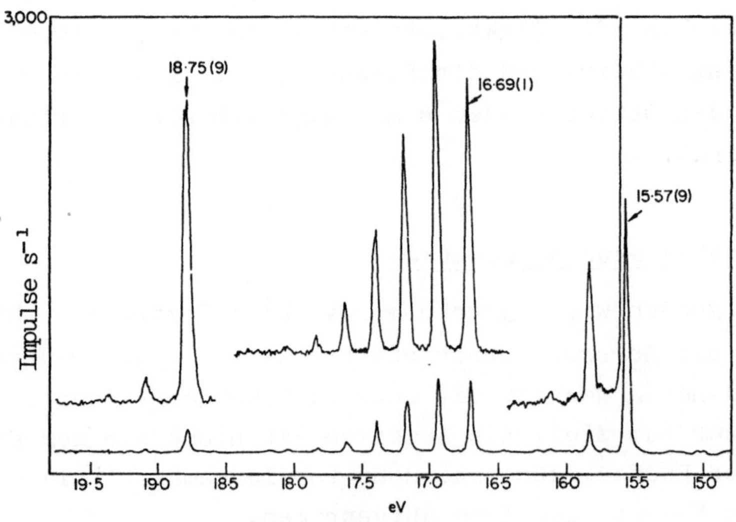

Figur 7.3   Das Photoelektronenspektrum von N_2

b) Das $\underline{N_2^+\text{-Radikalkation}}$ hat die in Figur 7.3 dargestellten Energiezustände.

Man erkennt deutlich drei Elektronenzustände mit den dazugehörigen Vibrationssequenzen.

Der Zustand bei 15,58 eV entspricht dem Grundzustand $^2\Sigma_g^+$ des Ions, der auch aus optischen Spektren bekannt ist. Der schnelle Abfall in der Intensität der Vibrationsstruktur zeigt, dass der Gleichgewichtsabstand in diesem Zustand nicht stark vom Gleichgewichtsabstand im Grundzustand des N_2-Moleküls abweicht. Die Franck-Condon-Faktoren (vgl. Abschnitt 6.2.2) lassen sich auch auf Photoelektronenspektren anwenden. Der Abstand der Vibrationszustände kann zu $0,261$ eV $\stackrel{\wedge}{=} 2100$ cm^{-1} ermittelt werden und ist damit nur wenig kleiner als im Grundzustand des N_2-Moleküls (2345 cm^{-1}).

Im ersten angeregten Elektronenzustand des Ions bei 16,69 eV beobachtet man eine lange Vibrationssequenz mit einem Abstand von 1810 cm^{-1}, der mit steigender Vibrationsquantenzahl wegen der Anharmonizität des Potentials etwas kleiner wird. In diesem Zustand sind somit der Gleichgewichtsabstand und die Kraftkonstante gegenüber dem N_2-Molekül wesentlich verringert, was darauf hinweist, dass ein bindendes Elektron entfernt wurde.

Der zweite angeregte Elektronenzustand des N_2^+-Ions bei 18,76 eV ist aus UV-Spektren als $^2\Sigma_u^+$-Zustand bekannt. Er unterscheidet sich bezüglich Gleichgewichtsabstand und Kraftkonstante wenig vom N_2-Molekül.

c) Das Photoelektronenspektrum von <u>Formaldehyd</u> zeigt Figur 7.4.

Die Ionisierung in den Elektronenzustand bei 10,88 eV ist wiederum mit einer kleinen Veränderung der Gleichgewichtsgeometrie verbunden, was sich an der kurzen Vibrationssequenz erkennen lässt. Hingegen sind die Uebergänge in die Elektronenzustände bei 14,09 eV und 15,85 eV mit ausgesprochenen Sequenzen von Vibrationszuständen mit Abständen von 1210 cm^{-1} bzw. 1270 cm^{-1} verbunden, die sehr wahrscheinlich einer Normalschwingung zugeordnet werden müssen, die im

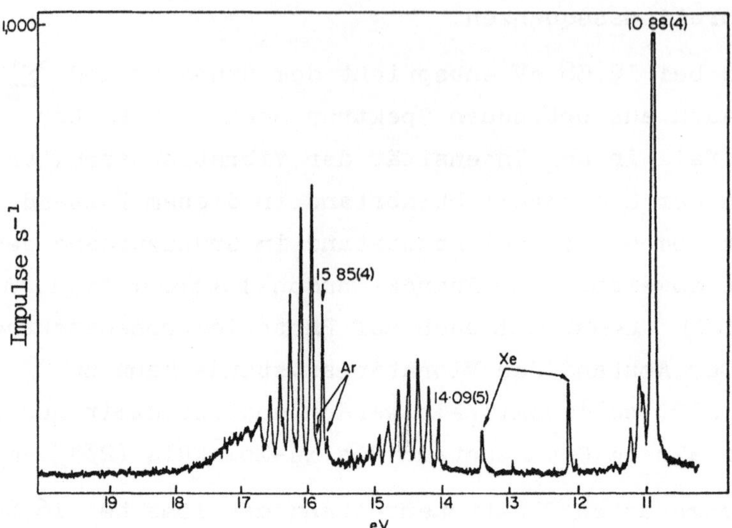

Figur 7.4 Photoelektronenspektrum von Formaldehyd H_2CO

wesentlichen in einer Streckung der C-O-Bindung besteht. Im Grundzustand des Formaldehyd-Moleküls hat diese Schwingung Zustände im Abstand von 1744 cm^{-1}. In diesen Zuständen ist somit die C-O-Bindung wesentlich geschwächt.

d) <u>Benzol</u> erzeugt das in Figur 7.5 dargestellte Photoelektronenspektrum.

Darin sind wieder mehrere Elektronenzustände mit nun recht komplizierten Vibrationsstrukturen zu sehen.

7.4. Deutung von UV-Photoelektronenspektren im MO-Modell

Im Hückel-MO-Modell setzt sich die gesamte Elektronenenergie eines Moleküls additiv aus den Orbitalenergien zusammen. Die Entfernung eines Elektrons aus einem bindenden Orbital ist daher mit einem Energieaufwand verbunden, welcher gleich der negativen Orbitalenergie ist. Dies gilt auch im Rahmen

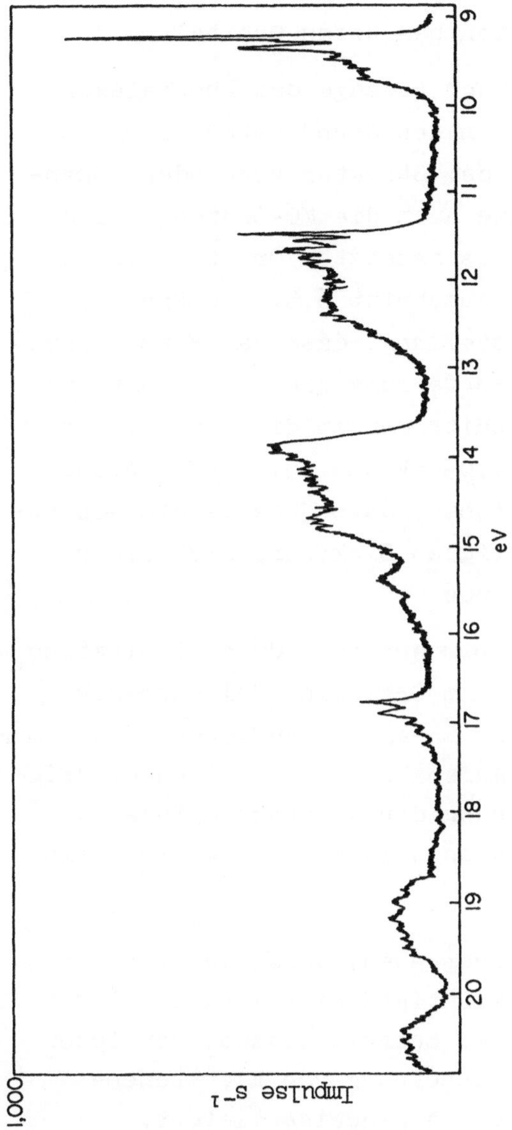

<u>Figur 7.5</u> Photoelektronenspektrum von Benzol

besserer Näherungsverfahren, z.B. bei SCF-Methoden, solange
für die Konstruktion der Zustände des Ions die Orbitale des
Moleküls verwendet werden, und ist als <u>Koopmans-Theorem</u> bekannt. In dieser Näherung kann man somit die im Photoelektronenspektrum sichtbaren Elektronenzustände des Ions als
Orbitalenergien des entsprechenden Moleküls interpretieren.

Der tiefste Zustand des Ions entspricht dann der Ablösung
eines Elektrons aus dem höchsten besetzten Orbital.

Im Falle von Formaldehyd ist nach Aussage des Photoelektro-
nenspektrums mit der Anregung in den Grundzustand des Ions
keine wesentliche Veränderung der Struktur verbunden. Quan-
tenchemische Berechnungen sowie auch die MO-Deutung seines
UV-Spektrums lassen als oberstes besetztes Orbital das n_y-
Orbital des Sauerstoffs (vgl. Abschnitt 6.5.c) erwarten.
Diese Befunde stützen die Vorstellung, dass das Formaldehyd-
kation im Grundzustand durch Entfernung eines n_y-Elektrons
des Moleküls entstehe. Andrerseits deuten die langen, mit
den Elektronenzuständen bei 14,09 eV und 15,85 eV verbundenen Vibrationssequenzen darauf hin, dass jeweils ein wesentlich an der C-O-Bindung beteiligtes Elektron, also ein π-
oder σ-Elektron abionisiert wurde.

Der Grundzustand des Benzolkations entsteht durch Ionisation
aus einem der beiden entarteten π-Orbitale. Bei mono-sub-
stituierten Benzolen wird diese Entartung aufgehoben, und man
beobachtet entsprechend eine Aufspaltung der beiden niedrig-
sten Ionenzustände. Die Zuordnung der angeregten Ionenzustände zu Elektronenkonfigurationen lässt sich weniger eindeutig treffen.

Aus diesen Beispielen soll hervorgehen, dass die UV-Photoelektronen-Spektroskopie ein wichtiges Hilfsmittel bei der
Erforschung der Struktur und der Energiezustände von Ionen
darstellt und auch bei der Beschreibung von Elektronen-
strukturen von Molekülen wertvolle Hinweise liefert.

7.5. X-Photoelektronenspektren (ESCA)

Wie eingangs erwähnt genügt die Energie von Röntgen(X)-
Photonen, um Elektronen aus inneren Schalen der Atome zu ent-
fernen, die das Molekül aufbauen. Die entsprechenden inneren
Atomorbitale sind so kompakt, dass sie für die realisierten

Bindungsabstände nicht wesentlich überlappen; die beobachteten Ionisierungsenergien sind somit typisch für die Elemente selbst. Beispielsweise sind für die 1s-Elektronen der Elemente der zweiten Periode folgende Bereiche für ihre Ionisierungsenergien charakteristisch: Li (50 eV), Be (110 eV), B (190 eV), C (280 eV), N (400 eV), O (530 eV) und F (690 eV). Diese Energiebereiche sind also typisch für die genannten Elemente, und die Beobachtung entsprechender Signale weist auf das Vorhandensein dieser Elemente in der Probe hin.

Während es nun qualitativ richtig ist, dass die Ionisierungsenergien von Elektronen innerer Schalen nur von der Art der Atome und nicht von der Natur ihrer Umgebung abhängig sind, so führt diese Umgebung doch zu kleinen, aber signifikanten Unterschieden. Beispielsweise zeigt das Spektrum des Azid-Ions N_3^- Signale in der für N-1s Elektronen typischen 400 eV-Region, bei 399 eV und bei 405 eV mit dem Intensitätsverhältnis 2:1. Dieser Befund ist kompatibel mit der klassischen Valenzstruktur für das Azid-Anion ($|\overset{\ominus}{\underline{N}} = \overset{\oplus}{N} = \overset{\ominus}{\underline{N}}|$)$^\ominus$: die beiden formal negativen Valenzelektronen-Ladungen der beiden terminalen N-Atome erniedrigen,die positive Ladung des zentralen N-Atoms erhöht die Bindungsenergie der 1s-Elektronen der inneren Schale der N-Atome. Die X-Photoelektronenspektroskopie liefert deshalb wertvolle Information über die Gegenwart von chemisch nicht äquivalenten Atomen des gleichen Elementes aus diesen beobachteten "chemischen Verschiebungen". Ihr anderer Name:ESCA ist deshalb gerechtfertigt, und ihre Möglichkeiten sind vergleichbar mit jenen der Kernresonanz-Spektroskopie, wo ebenfalls primär atomtypische, aber auch umgebungstypische Signallagen beobachtet werden (vgl. Kap. 2). Ein Beispiel eines ESCA-Spektrums aus der C-1s-Region von 280 eV zeigt Figur 7.6 für Trifluoressigsäureäthylester. Die Sequenz der vier C-1s-Signale entspricht der chemischen Erwartung über die Polarität der entsprechenden C-X Bindungen, bzw. der resultierenden Ladungsanhäufung auf den C-Atomen, indem die Ionisierungsenergie E_b mit zunehmend positiver Ladung grösser wird, Diese kann für ein Atom der Sorte X in einem Molekül ganz allgemein durch folgenden Ausdruck beschrieben werden:

$$E_b\,(X) = E_b^0\,(X) + A \cdot Q_X + B \cdot \sum_Y^{\text{alle}} \frac{Q_Y}{R_{XY}} \qquad\qquad (7.4)$$

$E_b^0\,(X)$ ist die entsprechende Ionisierungsenergie des freien Atoms X; Q_X und Q_Y sind seine Ladung, bzw. die Ladungen seiner Nachbaratome Y im Abstand R_{XY}; A und B sind geeichte Parameter. Für nicht allzu polare Bindungen bestimmt der Q_X-Term die relative chemische Verschiebung von X. Für sehr polare Bindungen mit Ladungsverschiebung auf unmittelbare Nachbarn Y kann aber auch der letzte Term in 7.4 ausschlaggebend sein (sog. intramolekulares Madelung-Potential). So ist beispielsweise E_b (Mn) in $Mn^{II}F_2$ grösser als in $Mn^{IV}O_2$, obwohl die formale Mn-Ladung in letzterer Verbindung grösser ist. Tabelle 7.1 zeigt die chemischen Verschiebungen für die S-2p-Elektronen in Abhängigkeit ihrer chemischen Umgebung. Wie ersichtlich steigt E_b generell mit zunehmend positiver Ladung auf dem S-Atom.

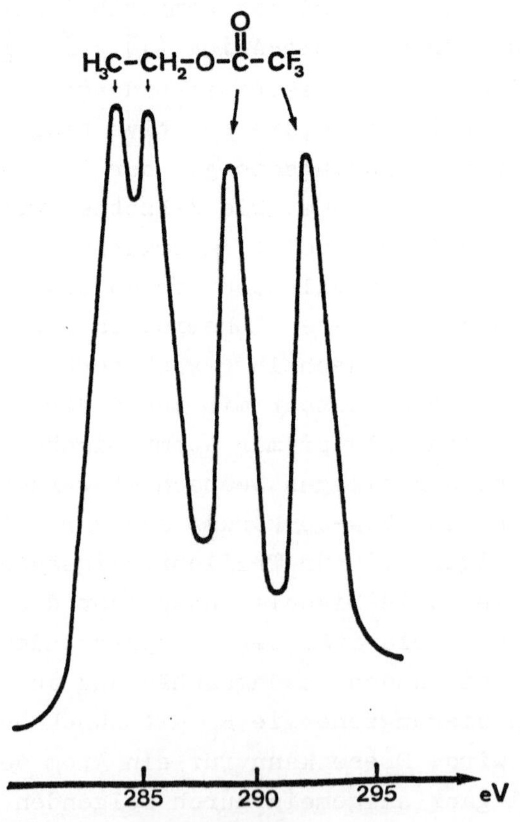

<u>Figur 7.6.</u> X-Photoelektronenspektrum von

Tabelle 7.1. Chemische Verschiebung der S-2p-Elektronen-Bindungsenergien in der X-Photoelektronen-Spektroskopie. (Die Werte beziehen sich auf das von links her gesehen erste S-Atom)

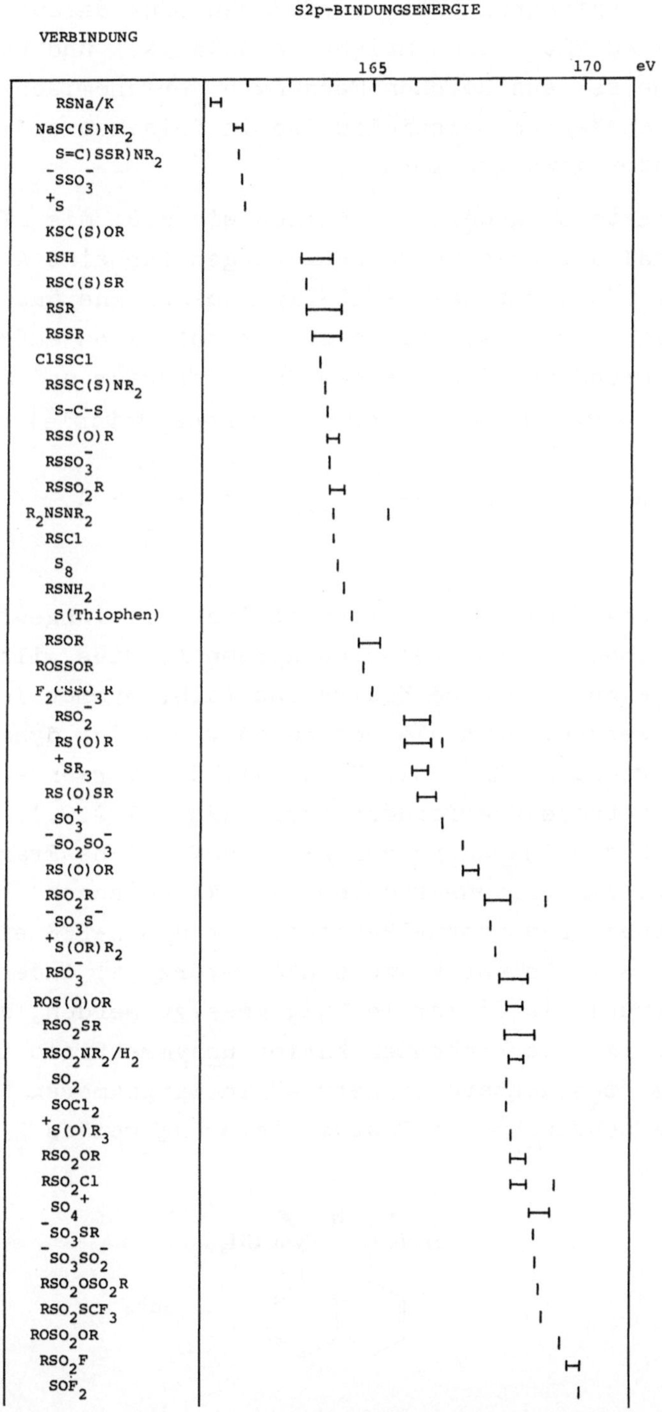

S2p-BINDUNGSENERGIE

VERBINDUNG

165   170   eV

VERBINDUNG
$RSNa/K$
$NaSC(S)NR_2$
$S=C)SSR)NR_2$
$^-SSO_3^-$
^+S
$KSC(S)OR$
RSH
$RSC(S)SR$
RSR
$RSSR$
$ClSSCl$
$RSSC(S)NR_2$
$S-C-S$
$RSS(O)R$
$RSSO_3^-$
$RSSO_2R$
R_2NSNR_2
$RSCl$
S_8
$RSNH_2$
$S(Thiophen)$
$RSOR$
$ROSSOR$
F_2CSSO_3R
RSO_2^-
$RS(O)R$
$^+SR_3$
$RS(O)SR$
SO_3^+
$^-SO_2SO_3^-$
$RS(O)OR$
RSO_2R
$^-SO_3S^-$
$^+S(OR)R_2$
RSO_3^-
$ROS(O)OR$
RSO_2SR
RSO_2NR_2/H_2
SO_2
$SOCl_2$
$^+S(O)R_3$
RSO_2OR
RSO_2Cl
SO_4^+
$^-SO_3SR$
$^-SO_3SO_2^-$
RSO_2OSO_2R
RSO_2SCF_3
$ROSO_2OR$
RSO_2F
SOF_2

X-Photoelektronen-Spektroskopie kann grundsätzlich an chemischen Substanzen in allen Aggregatzuständen betrieben werden,
doch wird vorwiegend mit festen Proben gearbeitet. In diesem
Falle tritt infolge der geringen Eindringtiefe von X-Strahlen
(max. ~ 10 nm) Photoionisation im wesentlichen nur an der
Oberfläche des Materials auf. X-PES ist somit eine wichtige
Untersuchungstechnik für Oberflächen oder darauf deponierten
Filmen, und wichtige Einsicht in Katalyse- und Korrosionsphänomene ist aus solchen Messungen der chemischen Verschiebungen von Kernen beispielsweise in frischem und verbrauchtem
Katalysator gewonnen worden.

Im Gegensatz zu anderen Techniken wie z.B. die NMR-Methode,
wo ebenfalls chemische Verschiebungen für eine Atomsorte gefunden werden, hat das X-PES-Experiment eine äusserst kurze
Zeitskala ($\sim 10^{-15}$ s). Diese Eigenschaft kann ausgenutzt werden, um grundsätzliche Fragen über Struktur und Symmetrie
von Molekülen zu lösen, wozu folgendes Beispiel diene:

$$A - B - A \qquad A - B \!\!-\!\! A \; \underset{k}{\overset{k}{\rightleftharpoons}} \; A \!\!-\!\! B - A$$
$$\underline{\underline{1}} \qquad\qquad\qquad \underline{\underline{2}} \qquad\qquad\qquad \underline{\underline{2}}$$

Das System $\underline{\underline{1}}$ besitzt eine symmetrische Gleichgewichtsstruktur mit chemisch äquivalenten Kernen A. Dies gilt nicht für
$\underline{\underline{2}}$, doch kann hier eine Äquivalenz (d.h. Symmetrie) vorge-
täuscht werden, wenn die Geschwindigkeit des dynamischen
Gleichgewichtes für $\underline{\underline{2}}$ die Zeitskala der verwendeten Untersuchungsmethode überfordert (vgl. Kapitel 2.9.). Als Bei-
spiel für die Anwendung von X-PES auf solche Fragen diene
das lange umstrittene Problem des "klassischen" vs. "nicht-
klassischen" 2-Norbornylkations, für das X-PES eine Struktur gemäss 1 ("nicht-klassisch") bevorzugt. Andererseits
konnte (nur$\underline{\underline{)}}$ mit dieser Technik gezeigt werden, dass die
H-Brücke im untenstehenden Kation <u>un</u>symmetrisch ist, d.h.
dass die "beobachtete Symmetrie" in langsameren Experimenten
auf eine sehr schnelle Tautomerisierung gemäss $\underline{\underline{2}}$ zurückzuführen ist.

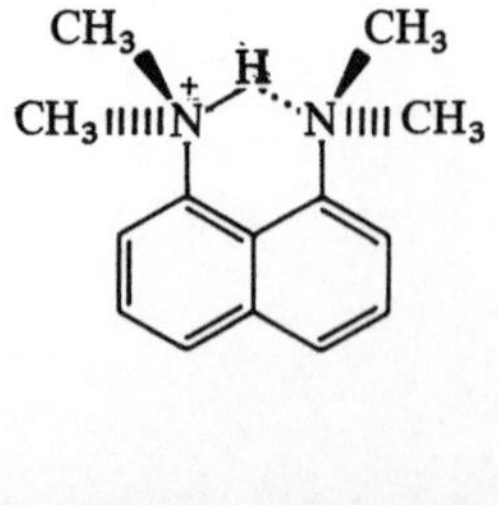

8. Röntgenfluoreszenz-Spektroskopie

Literatur:

E.P. Bertin, Principles and Practice of X-Ray Spectrometric Analysis. Plenum Press., New York 1975.

R. Jenkins, Quantitative X-Ray Spectrometry. Dekker, Basel 1981.

8.1. Prinzip

Wie in Abschnitt 7.5 besprochen führen genügend kurzwellige Röntgenstrahlen zu einer Anregung und sogar Abionisation von Elektronen der inneren Schalen der Atome in einem Molekül. Nach einer solchen Anregung kann das Atom unter Aussendung eines hochenergetischen Quants wieder in seinen Grundzustand zurückkehren. Da die Elektronen der inneren Schalen vergleichsweise wenig an der chemischen Bindung beteiligt sind, ist die Wellenlänge dieses Röntgenfluoreszenzlichtes nur sehr wenig vom chemischen Bindungszustand des Atoms abhängig und damit für jedes Element charakteristisch.

Die Röntgenemissionsspektren der Elemente sind im Vergleich zu den optischen Spektren sehr einfach gebaut. Sie werden gewöhnlich in die kurzwellige "K-Serie" und die langwelligeren L- und evtl. M-Serien unterteilt. Die Struktur der K-Serie ist für alle Elemente gleich: Ein enges, in vielen Experimenten nicht aufgelöstes K_α-Dublett wird kurzwellig von der schwächeren K_β-Linie gefolgt. Diese Linien, insbesondere die K_α-Dubletts, werden mit steigender Ordnungszahl des Elementes monoton kurzwelliger, was in Figur 8.1 dargestellt ist. Die Struktur der L-Serie ist etwas komplizierter; auch hier findet man ein monotones Abnehmen der Wellenlängen entsprechender Linien mit zunehmender Ordnungszahl. Diese Gesetzmässigkeiten kommen in Figur 8.1 zum Ausdruck.

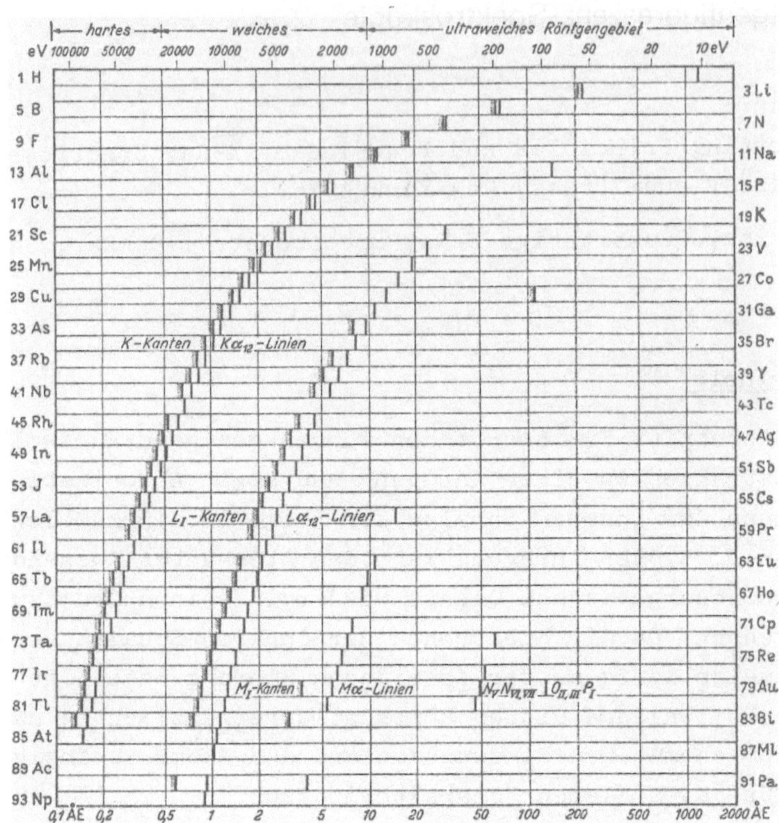

Figur 8.1

Uebersicht über die Lage der wichtigsten Emissionslinien der
Elemente. Die K- und L-Kanten bezeichnen die Wellenlängen,
bei denen der Absorptionskoeffizient sich von einem tiefen
Wert bei grösserer Wellenlänge zu einem hohen Wert bei kleinerer Wellenlänge sprunghaft ändert

8.2. Experimentelles

Die zur Anregung der Fluoreszenz benötigte Röntgenstrahlung
wird meist von einer intensiven, nahe an die Probe gebrach-
ten Röntgenröhre geliefert. Darin stossen Elektronen mit
grössenordnungsmässig 50 keV gegen die aus einem Element,
z.B. W, Mo, Cu, Fe etc. bestehende sog. Antikathode (= Anode)
und erzeugen neben den charakteristischen Röntgenemissions-

linien des Antikathodenmaterials das sog. Bremsspektrum. Dieses bildet ein Kontinuum, welches sich von der kleinsten bei der Energie der gebremsten Elektronen möglichen Wellenlänge λ_{min} über ein bei ca. 1,5 λ_{min} gelegenes Maximum bis zu sehr langen Wellen erstreckt.

Durch dieses polychromatische Licht wird die Probe, die meist in ca. 0,1 g der pulverförmigen zu analysierenden Substanz besteht, angeregt. Die verschiedenen Elemente absorbieren dieses Licht entsprechend ihren Röntgenabsorptionskoeffizienten und streuen es auch zum Teil. Daher muss als Antikathode ein Element gewählt werden, nach welchem in der Probe nicht gesucht wird.

Aus dem Röntgenfluoreszenzlicht wird durch ein Kollimatorsystem ein möglichst paralleles Bündel ausgeblendet, welches (vgl. Figur 8.2) auf einen als Beugungsgitter verwendeten Analysatorkristall fällt. Nach der Braggschen Beziehung reflektiert dieser Kristall nur dann, wenn

$$n\lambda = 2d\sin\Theta \qquad (8.1)$$

erfüllt ist, wo d ein Netzebenenabstand ist und Θ den Winkel bedeutet, welchen die einfallende Strahlung mit dieser Netzebenenschar bildet. Die natürliche Zahl n gibt die Ordnung des Spektrums an.

Durch Verändern der Neigung Θ des Analysatorkristalls und Nachführen des Detektors zum jeweiligen Winkel 2Θ kann man das Spektrum abtasten. Die gemessene Intensität wird in Abhängigkeit von Θ von einem Schreiber aufgetragen, was zu Diagrammen, wie z.B. in Figur 8.3 gezeigt, führt. Aus dem Θ-Wert, bei welchem ein Peak auftritt, kann man bei bekanntem d-Wert des Analysatorkristalls die Wellenlängen ermitteln und den Röntgenemissionslinien den in der Probe vorhandenen Elementen zuordnen. Das Verfahren lässt sich für alle Elemente mit höherer Ordnungszahl als Mg durchführen.

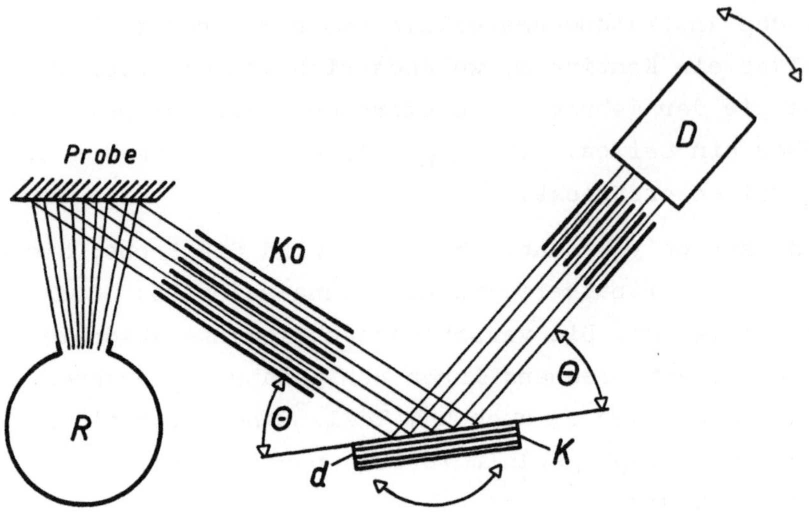

Figur 8.2 Anordnung für Röntgenfluoreszenz-Spektroskopie

     R = Röntgenröhre (Anregung)
     Ko = Kollimator
     K = Analysatorkristall
     D = Detektor (Zählrohr, Scintillationszähler)

8.3. Anwendung der Röntgenfluoreszenz-Spektroskopie

Figur 8.3 zeigt das Röntgenfluoreszenzspektrum eines Erzes, welches beträchtliche Mengen Nb und Ta enthält, daneben aber auch Zr, Y, Th, U, Fe und Mn. Die Mo-Linien sind gestreutes Anregungslicht. Die schwachen Linien von W können von Ablagerungen des Glühfadenmaterials der Röntgenröhre auf der Antikathode herrühren.

Die quantitative Bestimmung der Anteile der Elemente erfordert das Mischen von Eichproben aus den reinen Elementen oder deren Oxiden. Die Intensität einer bestimmten Linie hängt nicht nur vom prozentualen Anteil des zugehörigen Elementes, sondern wegen der gegenseitigen Abschirmung der Anregungsstrahlung auch von der Art der anderen in der Probe vorhandenen Elemente ab. Wenn dies beachtet wird, können

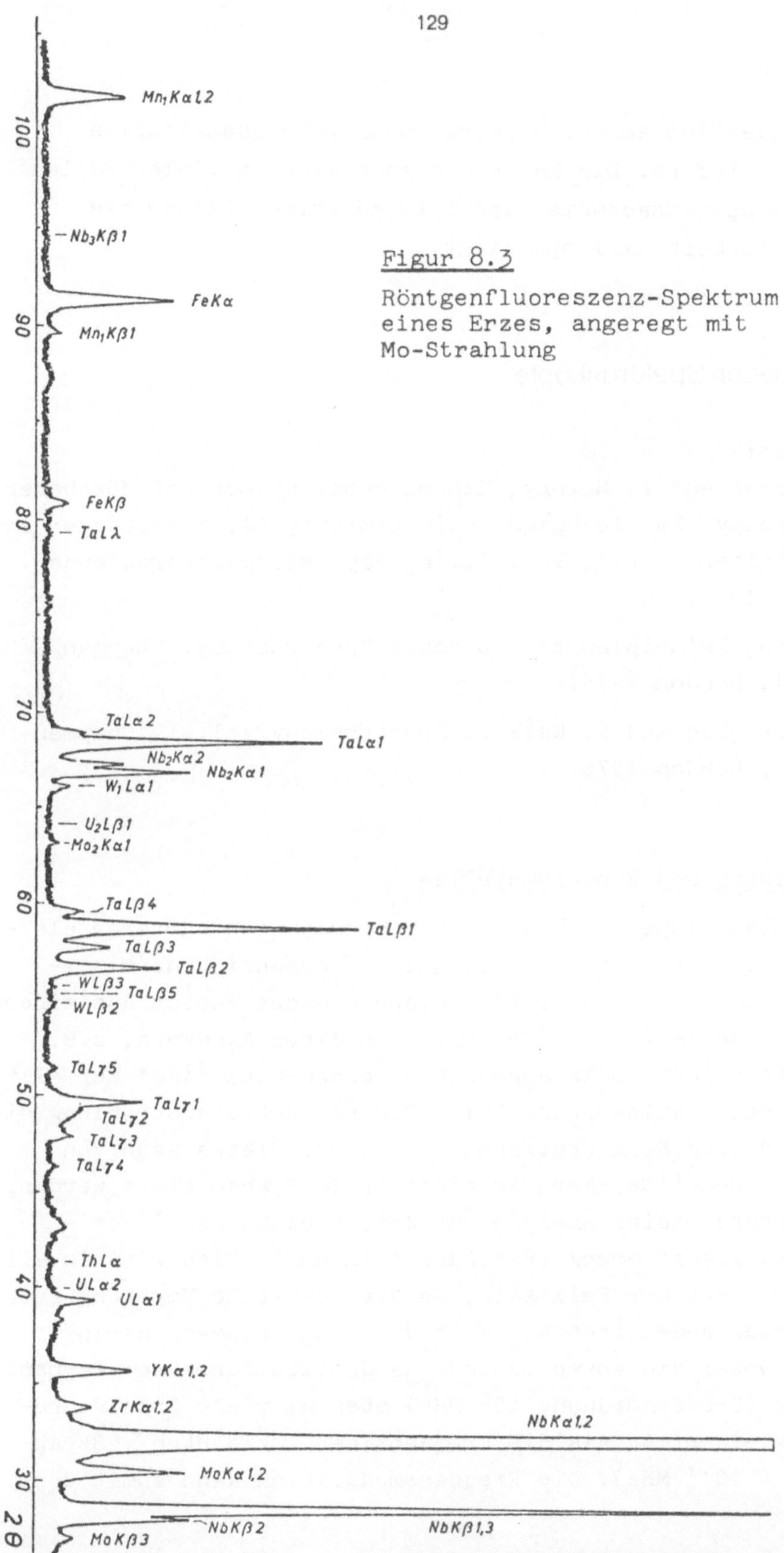

Figur 8.3

Röntgenfluoreszenz-Spektrum
eines Erzes, angeregt mit
Mo-Strahlung

die Röntgenfluoreszenz-Spektren sehr gute quantitative
Analysen liefern. Die Methode eignet sich in vielen Fällen
auch zum Spurennachweis, wobei in günstigen Fällen die
Empfindlichkeit um 1 ppm liegt.

9. Mössbauer-Spektroskopie

Literatur:

R.H. Herber and Y. Hazony, Experimental aspects of Mössbauer
Spectroscopy. In: Techniques of Chemistry (A. Weissberger and
B.W. Rossiter, eds.), Vol. III D, 215. Wiley-Interscience,
New York 1972.

T.C. Gibb, Principles of Mössbauer Spectroscopy, Chapman
and Hall, London 1976.

B.P. Straughan and S. Walker, Spectroscopy Vol. I. Chapman
and Hall, London 1976.

9.1. Prinzip und Experimentelles

Die Mössbauer-Spektroskopie arbeitet mit noch härterer elek-
tromagnetischer Strahlung, als bisher beschrieben: mit γ-
Strahlen ($\nu \sim 10^{13}$ MHz). Ein entsprechendes Photon aus einer
primären Quelle (z.B. ^{57}Co) wird von einem Atomkern, z.B.
^{57}Fe, absorbiert. Sein angeregter Kernzustand ^{57}Fe* zerfällt
sehr schnell (Halbwertszeit $\tau \sim 0.2$ µs) unter Abstrahlung eines für diesen Kern typischen γ-Photons. Dieses kann von
einem anderen ^{57}Fe$_P$-Kern in einer Probe P absorbiert werden,
vorausgesetzt seine Energie entspricht exakt der ^{57}Fe* -
^{57}Fe$_P$ Energiedifferenz (Resonanzbedingung). Dies wird im allgemeinen nicht der Fall sein, da die chemische Umgebung auch
die Kernzustände eines Atoms (hier ^{57}Fe$_P$) schwach beeinflusst, wobei die entsprechende Bandbreite für eine resonante
Frequenz (Grössenordnung 10^2 MHz) aber um viele Grössenord-
nungen kleiner ist als die Frequenz der inzidenten γ-Strah-
lung ($\nu \sim 10^{13}$ MHz). Die Frequenzmodulation kann somit über

den sog. Dopplereffekt erzielt werden, indem die Strahlen-
quelle gegenüber der Probe mit der konstanten Geschwindigkeit v verschoben wird, was an ihrem Ort in der inzidenten
Frequenz $\nu \pm \nu v/c$ resultiert. Normalerweise genügt eine Geschwindigkeit von einigen mm/s bis cm/s, um mit der Probe in
Resonanz zu treten.

Ein Mössbauer-Spektrometer besteht demnach aus einer ver-
schiebbaren Strahlungsquelle, einer Probe und einem Detektor.

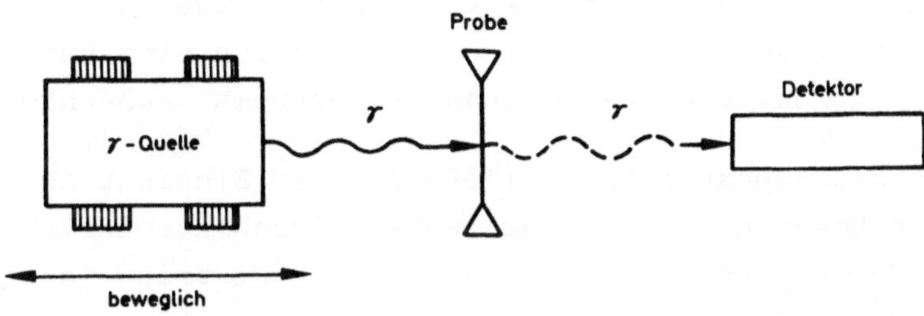

Figur 9.1. Aufbau eines Mössbauer-Spektrometers

Dieser registriert eine reduzierte γ-Strahlungsintensität,
wenn Resonanz eingetreten ist.

9.2. Anwendungen

Für einen gegebenen Kern können Mössbauer-Spektren zwei
Effekte zeigen: die sog. "Isomerenverschiebung" (vergleichbar
mit der chemischen Verschiebung bei NMR- und ESCA-Spektroskopie), sowie eine Quadrupolaufspaltung. Der erste Effekt ist
auf die Unterschiede in der Beteiligung von s-Elektronen an
chemischen Bindungen zurückzuführen, deren Wellenfunktion
als einzige am Ort des Kerns nicht verschwindet. So zeigt
beispielsweise der ^{119}Sn-Kern sowohl in $Sn^{II}Cl_2$ wie in
$Sn^{IV}Cl_4$ eine deutlich verschiedene Isomerenverschiebung bezüglich des Standards Weisser Zinn, was direkt mit der Wer-
tigkeit des Sn-Atoms in diesen Verbindungen und damit seiner
chemischen Umgebung korreliert werden kann.

Die Quadrupolaufspaltung des Spektrums liefert eine noch
vertieftere Einsicht in die Elektronenstruktur, die einen
Kern umgibt, indem sie ihre Symmetrie und damit die Symmetrie
seiner chemischen Umgebung wiederspiegelt. In verschiedenen
Fällen ändert nämlich der Kernspin bei der Kernanregung, so
beispielsweise für $^{57}Fe(I = 1/2) \rightarrow {}^{57}Fe*(I = 3/2)$. Parallel
dazu geht eine Reduktion der Kernladungs-Symmetrie von zen-
tro- zu axialsymmetrisch. In einer oktahedralen Ligandum-
gebung wie etwa in $Fe(CN_6)^{4-}$ sind die Kernzustände nicht von
seiner Orientierung abhängig, aber wohl in einer nur axial-
symmetrischen Ligandelektronenverteilung, etwa in
$Fe(CN)_5NO_2^{2-}$, wo zwei Orientierungen möglich sind und eine
Quadrupolaufspaltung des Mössbauer-Spektrums beobachtet wird.

Die Mössbauer-Spektroskopie liefert somit Einsicht in die
chemische Umgebung eines Atoms unter Einschluss ihrer Symmetrie. Der besonders untersuchte Kern ^{57}Fe tritt in einer
grossen Zahl biologisch und technisch wichtiger Verbindungen
wie Hämoglobin, Rost etc. auf; die Mössbauer-Spektroskopie
hat wichtige Beiträge zur Kenntnis ihrer Struktur und Bil-
dungsweise (z.B. Korrosionsphänomene) geleistet.

10. Elektronenstoß-Spektroskopie

Literatur:
A. Kuppermann, W.M. Flicker, O.A. Mosher, Electron Impact
Spectroscopy. Chem. Reviews 79, 77 (1979).

K.D. Jordan, P.D. Burrow, Electron Transmission Spectroscopy.
Acc. Chem. Res. 11, 341 (1978).

M. Allan, Electron Scattering Experiments. Chimia 36, 457
(1982).

A.V. Phelps. In: Electron-Molecule Scattering (S.C. Brown,
ed.), Wiley 1979.

10.1. Prinzip

Stösst ein freies Elektron mit einer kinetischen Energie E_{in} im Vakuum mit einem gasförmigen Molekül zusammen, so wird es gestreut. Das austretende Elektron hat im allgemeinen eine andere Energie E_r (Restenergie) und eine andere Richtung als das einfallende:

$$e^- (E_{in}) + M \rightarrow M^* + e^- (E_r) \qquad (10.1)$$

Wird beim Stoss keine Energie an das Molekül abgegeben und nur die Flugrichtung des Elektrons geändert, nennt man die Streuung "elastisch". Andernfalls wird die Streuung "inelastisch" genannt, wobei aus Energieerhaltungsgründen gilt

$$E_{in} = E_r + \Delta E \ , \qquad (10.2)$$

wobei ΔE die im Molekül verbleibende Anregungsenergie ist. Da ähnlich wie in der Photoelektronen-Spektroskopie (Kap. 7) die Masse des Elektrons sehr klein ist gegenüber der Molekülmasse, wird praktisch keine Translationsenergie auf das Molekül übertragen. Damit gilt folgende Form der Born-Oppenheimer-Näherung

$$\Delta E = E_{el} + E_{vib} + E_{rot} \ . \qquad (10.3)$$

Bestrahlt man nun mit Elektronen bekannter kinetischer Energie und analysiert die Energien der gestreuten Elektronen, kann man gemäss 10.2 und 10.3 die Energie-Zustände des Moleküls ermitteln. Diese Methode wird als Elektronenenergie-Verlust-Spektroskopie bezeichnet. Die Aussage dieser Spektroskopie ist also in gewisser Hinsicht ähnlich derjenigen der UV/VIS-Absorptions-Spektroskopie; allerdings sind die Auswahlregeln weniger streng, so dass auch viele Übergänge erfasst werden können, die lichtinduziert verboten wären.

Mit der gleichen oder ähnlichen experimentellen Anordnung lässt sich auch ein anderes Experiment, genannt Elektronen-Transmissions-Spektroskopie, ausführen. Es beruht auf der Be-

obachtung, dass bei gewissen inzidenten Energien E_{in} die
Streuung nicht direkt, sondern via die Bildung eines intermediären Anions (im Grund- oder angeregten Zustand) stattfindet:

$$M + e^- \ (E_{in}) \rightarrow (M^-) \rightarrow M^* + e^- \ (E_r) \tag{10.4}$$

Das intermediäre Anion wird häufig auch "Resonanz" und die
Streuung "resonante" Elektronen-Streuung genannt. Solche Resonanzen haben extrem kurze Lebensdauern im ps - fs Bereich;
sie führen aber zu einer Erhöhung der Streuintensität, Die
Streuintensität lässt sich experimentell aus der Abnahme der
Intensität des ungestreuten Elektronen-Strahles, d.h. der
Elektronen-Transmission ermitteln. Wird nun diese Streuintensität als Funktion der inzidenten Energie E_{in} aufgetragen,
erhält man Signale bei Energien, bei denen die Bildung eines
solchen intermediären Anions erfolgt.

10.2. Experimentelles

Die experimentelle Anordnung für die oben genannten Experimente besteht aus einer Quelle monoenergetischer Elektronen,
einer Kollisionskammer, eines Analysators für die kinetische
Energie der austretenden Elektronen gekoppelt mit einem Elek-
tronen-Detektor. Die Anordnung ist in Fig. 10.1. schematisch
dargestellt. Die Elektronen werden von einer heissen Kathode
durch thermoionische Emission ins Vakuum geschleudert und
durch einen Monochromator geführt, der nur Elektronen mit
einer bestimmten kinetischen Energie durchlässt (typische
Auflösung ist 0.02 eV). Anschliessend wird mit einer variablen Spannungsquelle V_{in} auf die gewünschte inzidente Energie
E_{in} beschleunigt. Die gestreuten Elektronen werden im allgemeinen zuerst mittels einer zweiten variablen Spannungsquelle
auf eine niedrigere kinetische Energie abgebremst und dann in
den Analysator geleitet. Der Monochromator und der Analysator
sind in ihrem Aufbau den im Kapitel 7 (Photoelektronen-
Spektroskopie) beschriebenen Elementen sehr ähnlich. Als Detektor dient ebenfalls ein Sekundär-Elektronenvervielfacher
(SEV - vgl. Fig. 7.1.), wobei allerdings heute, vor allem

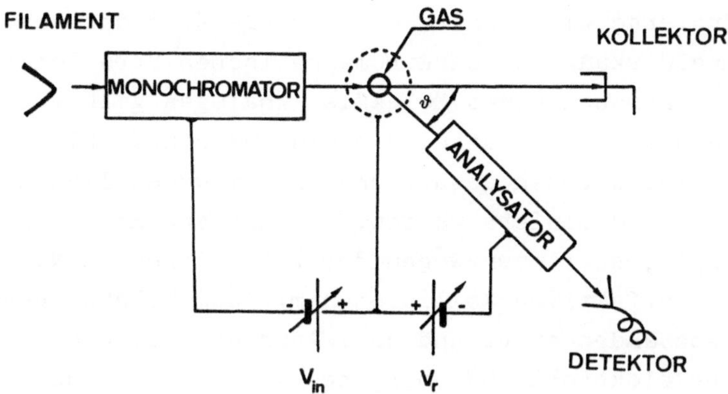

Figur 10.1. Schema einer Elektronenstreu-Apparatur

wegen seiner kleinen Dimensionen, häufiger ein SEV mit kontinuierlicher Dynode (Channeltron) anstatt des in der Figur
7.1. dargestellten SEV mit diskreten Dynoden verwendet wird.

10.3. Elektronenenergie-Verlust-Spektren

Eine grosse Zahl chemisch wichtiger Moleküle sind aus Atomen
niedriger Ordnungszahl aufgebaut, so dass ihr elektronisches
Spinmoment noch eine gute Quantenzahl darstellt. Für solche
Systeme gilt ein strenges Verbot für photoninduzierte elektronische Übergänge (z.B. Singulett → Triplett Übergänge),
die von einer Änderung dieser Quantenzahl begleitet sind
(vgl. Kapitel 6 und Anhang). Andererseits spielen solche angeregten Zustände eine wesentliche Rolle in verschiedenen
chemischen und physikalischen Disziplinen (z.B. Photochemie,
Strahlenchemie, Atmosphärenchemie, Plasmachemie, Laser-
physik etc.) und ihr Studium ist deshalb von grosser Wich-
tigkeit. Die oben beschriebene Technik der Anregung durch
inelastischen Stoss mit langsamen monoenergetischen Elektronen an Stelle von Photonen erlaubt nun, solche angeregten
elektronischen Zustände direkt zu beobachten. Ebenfalls erlaubt diese Technik auch die Untersuchung aller jener hoch-
liegenden Zustände (> 10 eV), deren Population mit entsprechenden Photonen auf technische Schwierigkeiten stösst.

Photoinduzierte elektronische Übergänge sind das Resultat der Wechselwirkung des elektromagnetischen Strahlungsfeldes mit den Elektronen eines Moleküls. Analoges gilt für die elektromagnetischen Kräfte, die ein inzidentes Elektron auf die Molekülelektronen ausübt und die im wesentlichen durch Coulombkräfte dominiert werden. Hat das ankommende Elektron hohe Energie, so finden wegen der weitreichenden Natur dieser Kräfte die effektiven Kollisionen mit dem Molekül schon bei grossen Abständen statt und es gelten die gleichen Auswahlregeln für elektronische Übergänge wie im Falle der Photonen-Anregung.

Für ein niederenergetisches einfallendes Elektron findet die effektive Kollision mit dem Molekül erst bei kurzen Abständen statt, wobei eine eigentliche Penetration seiner Elektronenhülle eintritt. Dabei kann ein Elektronenaustausch <u>ohne</u> oder <u>mit</u> Spinaustausch stattfinden; im letzteren Fall verlässt somit ein Elektron mit geändertem Spin den Stosskomplex, wobei das doppelte Spinmoment neben einem Energiebetrag im Molekül hinterlassen wird. Auf diese Weise können angeregte Triplett- ausgehend von Singulett-Zuständen direkt besetzt werden.

Während der Lebenszeit des Stosskomplexes werden nun internukleare Schwingungen angeregt, da das Anion in der Regel eine andere Gleichgewichtsstruktur besitzt als sein neutraler Vorläufer. Die Schwingungsanregung über einen solchen resonanten Elektronenzustand ist wesentlich effizienter als im Falle einer nicht-resonanten Wechselwirkung zwischen Elektron und Molekül; ganz allgemein erhöht die Population eines solchen Anionzustandes die Effizienz der Konversion kinetischer Elektronenenergie in potentielle chemische Bindungsenergie. Beispielsweise spielt dieses Phänomen in der Entladung eines CO_2-Lasers eine grosse Rolle, wo in der ersten Stufe die kinetische Energie von Elektronen in Schwingungsenergie von N_2-Molekülen umgewandelt wird.

Beispiel 1: He

Das Spektrum in Fig. 10.2. wurde bei niedriger Restenergie

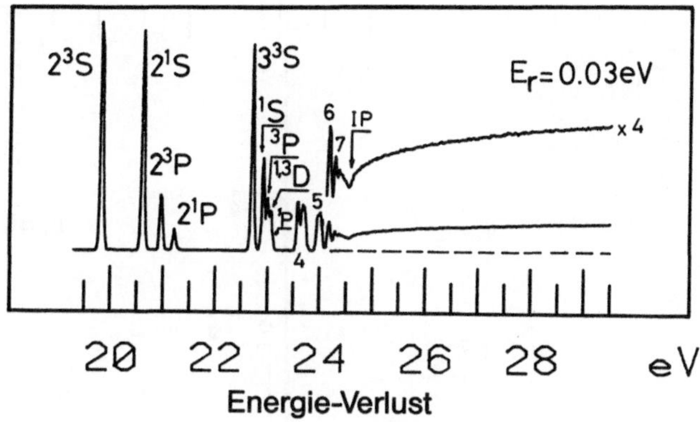

Figur 10.2 Elektronen-Energie-Verlust Spektrum von
Helium

Im Spektrum erscheinen alle elektronischen Zustände (vgl.
Teil IV). In einem optischen Spektrum würde nur eine Linie
entsprechend dem optisch erlaubten Übergang $^1S \rightarrow {}^1P$ bei
21.22 eV erscheinen.

Beispiel 2: N₂

N_2 hat in seinem Grundzustand, $X^1\Sigma_g^+$, die Elektronen-Konfigu-
ration ... $(\pi_u)^4(\sigma_g)^2$. Das niedrigste unbesetzte Orbital ist
ein antibindendes π_g^*-Orbital (vgl. Abschnitt 7.3.). Das Spektrum in Fig. 10.3 wurde ebenfalls bei niedriger Restenergie
aufgenommen. Bei niedrigem Energieverlust $\Delta E < 4$ eV beobachtet man eine rein vibratorische Anregung des N_2-Mole-
küls, das in der Gegend von $v = 9$ sehr effizient via die
intermediäre N_2^--Resonanz in ihrem Grundzustand $^2\Pi_g$ angeregt
wird. Diese hat die Konfiguration $(\pi_u)^4(\sigma_g)^2(\pi_g^*)^1$, d.h. das
einfallende Elektron wird temporär in das niedrigste unbesetzte Orbital eingelagert. Bei höheren Energieverlusten
beobachtet man elektronische Übergänge. Die zwei ersten Banden entsprechen dem $A^3\Sigma_u^+$ - Zustand mit der Konfiguration
$(\pi_u)^3(\sigma_g)^2(\pi_g^*)^1$, und dem $B^3\Pi_g$ - Zustand mit der Konfiguration $(\pi_u)^4(\sigma_g)^1(\pi_g^*)^1$. Die Franck-Condon Faktoren (vgl. Absch.
6.2.2) lassen sich auch hier anwenden und zeigen, dass z.B.
der niedrigste $A^3\Sigma_u^+$ - Zustand einen wesentlich längeren
Gleichgewichtsabstand besitzt als der Grundzustand. Für den
$B^3\Pi_g$ - Zustand ist diese Differenz kleiner. Die intensivste

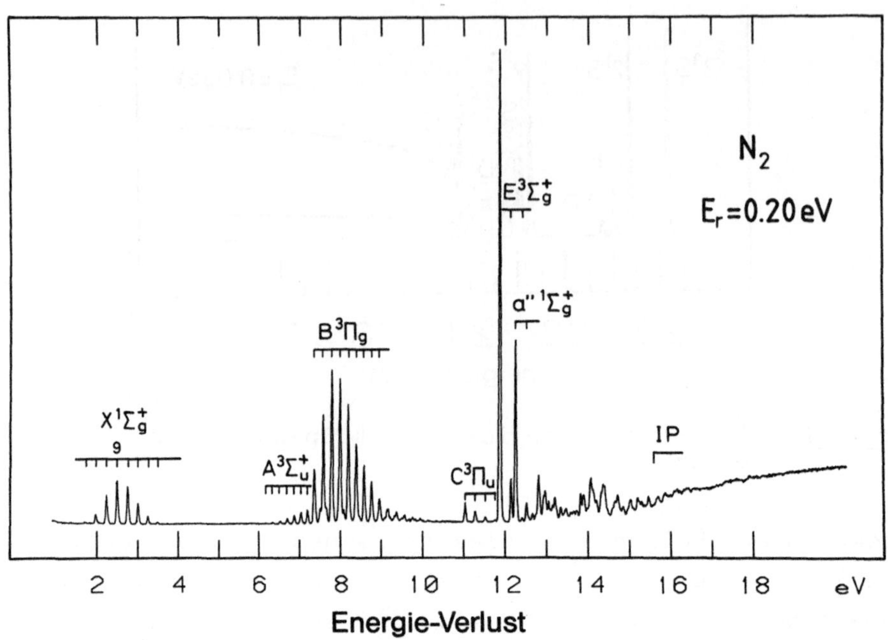

Figur 10.3 Elektronen-Energie Verlust Spektrum von N₂

Bande im Spektrum entspricht dem $E^3\Sigma_g^+$ - Zustand. Es handelt sich um einen sogenannten Rydberg-Zustand mit der Konfiguration $(\pi_u)^4(\sigma_g)^1(3s\ Rydberg)^1$, wo sich das promovierte Elektron in einem diffusen 3s-Atomorbital-ähnlichen Zustand bewegt (Rydbergorbital), in dessen Mitte sich statt einem Atomkern das N_2^+ Molekülion befindet. Da das Rydberg-Orbital sehr diffus ist und deshalb relativ wenig Einfluss auf das in seiner Mitte stehende Molekülion ausübt, ist der interatomare Gleichgewichtsabstand des Rydberg-Zustandes demjenigen des entsprechenden Molekülionzustands $^2\Sigma_g^+$ sehr ähnlich. Deshalb sehen auch die entsprechenden Banden in Fig. 7.3. und 10.3. sehr ähnlich aus !

Beispiel 3: Benzol

Die Elektronenstruktur von Benzol und das UV-Spektrum von Benzol wurden im Absch. 6.5. diskutiert. Das Spektrum mit der höchsten Restenergie E_r = 20 eV in Fig. 10.4 ist praktisch identisch mit dem UV-Spektrum (Fig. 6.10). Bei niedrigeren Restenergien wird die Anregung spinverbotener Übergänge möglich und eine Reihe von Triplett-Zuständen wird sichtbar.

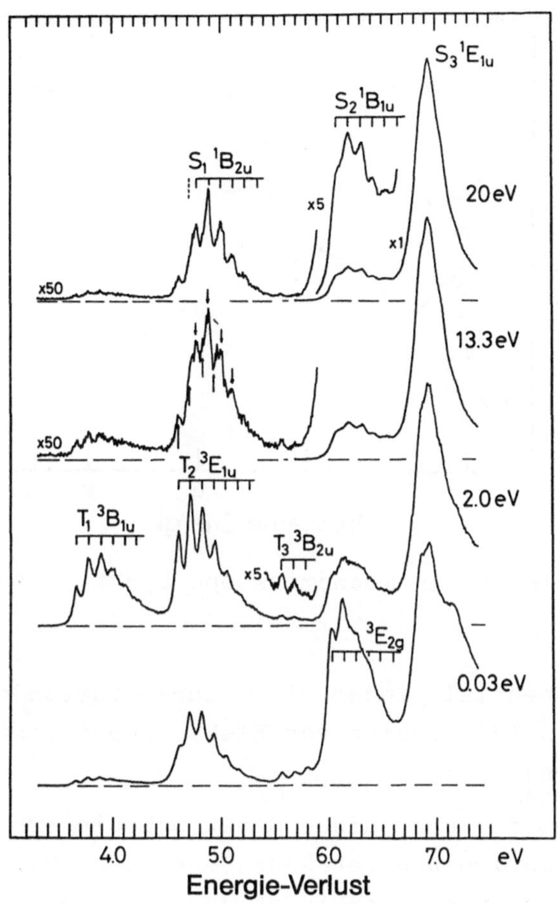

Figur 10.4 Elektronen-Energie-Verlust Spektren von Benzol. Rechts sind die jeweiligen Restenergien angegeben

10.4. Elektronen-Transmissions-Spektren

Die gleiche oder ähnliche Apparatur kann verwendet werden, um Elektronen temporär an neutrale Moleküle anzulagern unter Erzeugung ihrer Radikal-Anionen. Das Studium solcher Teilchen steckt im Vergleich zu jenem der entsprechenden Radikal-Kationen (vgl. Kapitel 7 über Photoelektronen-Spektroskopie) noch in den Kinderschuhen, da die Technik der Produktion und guten Energieanalyse monochromatischer Elektronen erst seit kurzer Zeit allgemein zur Verfügung steht. Neben dem physikalisch orientierten Aspekt des Studiums solcher Anion-Zustände beinhalten solche Teilchen auch ein interessantes

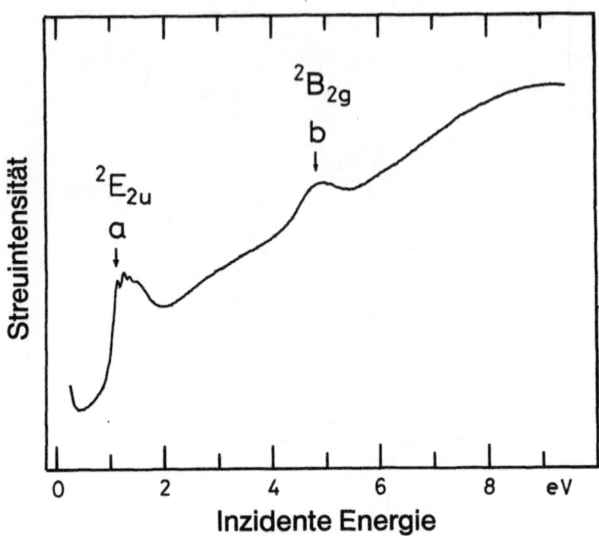

<u>Figur 10.5</u>   Elektronen-Transmissions Spektrum von Benzol

chemisches Potential, indem viele ihrer Zustände zur Fragmen-
tierung neigen ("dissoziativer Elektroneneinfang" des neutralen Vorläufers).

Die Resultate, die über diese Spektroskopie erhalten werden,
haben auch wichtige theoretische Bedeutung. Wie im Abschnitt
7 bereits beschrieben, verbindet das Koopmans'sche Theorem
die elektronische Energie von Radikal-Kationen mit der Energie der entsprechenden Molekülorbitale, die im Zuge der Ionisation entvölkert wurden. Sinngemäss gleiches gilt nun auch
für die hier gemessene Elektronenaffinität von Molekülen bei
ihrem Übergang in einen ihrer Anion-Zustände, die der Energie
des entsprechenden unbesetzten (virtuellen) Molekülorbitals
gleichgesetzt werden kann.

Als Beispiel wird in Fig. 10.5. das Elektronen-Transmissions-
Spektrum des Benzols gezeigt. Sichtbar sind zwei Banden, die
dem Elektronen-Einfang in das entartete e_{2u}^- und das höher
liegende b_{2g}-Orbital entsprechen (vgl. Fig. 6.8).

Anhang I

<u>Zur quantenmechanischen Behandlung der Wechselwirkung von
Strahlung mit Molekülen</u>

Im Abschnitt 2.2 von Teil IV wurde gezeigt, dass im Falle
wo der Hamilton-Operator $\hat{H}_0$ und damit die Energie eines Moleküls nicht von der Zeit abhängt, die vollständige Zustandsfunktion $\psi_k(q,t)$ für einen stationären Zustand mit Energie
E_k als Produkt einer nur von den Ortskoordinaten q abhängigen Funktion $\psi_k(q)$ und einer zeitabhängigen Exponentialfunktion dargestellt werden kann.

$$\psi_k(q,t) \;=\; \psi_k(q)\, e^{-\frac{i}{\hbar} E_k t} \tag{A1.1}$$

Bringt man ein solches Molekül in ein Strahlungsfeld, so ist
dieses durch einen zeitabhängigen Zusatz $\hat{H}'$ zu $\hat{H}_0$ zu berücksichtigen. Bei monochromatischer Strahlung der Frequenz ν
wird $\hat{H}'$ von der Form

$$\hat{H}' \;=\; \hat{h}'\vec{F}_0 \cos 2\pi\nu t \;=\; \hat{h}'\vec{F}_0 \, \frac{e^{2\pi i\nu t} + e^{-2\pi i\nu t}}{2} \tag{A1.2}$$

sein, wo $\vec{F}_0$ die Amplitude der auf das Molekül wirkenden Komponente des Strahlungsfeldes darstellt. Da die Moleküle
gegenüber der Wellenlänge der Strahlung klein sind, darf
$\vec{F}_0$ in den meisten Fällen als ortsunabhängig betrachtet werden. $\hat{h}'$ beinhaltet dann den ortsabhängigen Teil des Wechselwirkungsoperators $\hat{H}'$ mit dem Strahlungsfeld.

Weil der Hamilton-Operator

$$\hat{H} \;=\; \hat{H}_0 + \hat{H}' \tag{A1.3}$$

von der Zeit abhängt, ist die Zustandsfunktion ψ des Moleküls im Strahlungsfeld nicht mehr von der Form (A1.1). Sie muss mit Hilfe der zeitabhängigen Schrödinger-Gleichung

$$\hat{H}\psi = -\frac{h}{i}\frac{\partial\psi}{\partial t} \tag{A1.4}$$

ermittelt werden. Da die ψ_k ein vollständiges orthogonales System von Funktionen bilden, kann man dafür in jedem Zeitpunkt den Ansatz

$$\psi = \sum_k a_k(t)\psi_k \tag{A1.5}$$

verwenden. Gemäss Postulat V (Teil IV, Abschnitt 2.2) bedeutet $a_k^*(t)a_k(t)$ die Wahrscheinlichkeit, zur Zeit t das Molekül in seinem stationären Zustand ψ_k zu finden. Setzt man nun (A1.5) und (A1.3) in (A1.4) ein, so ergibt sich

$$\hat{H}_0 \sum_k a_k(t)\psi_k + \hat{H}' \sum_k a_k(t)\psi_k = \frac{-h}{i} \sum_k \frac{da_k}{dt}\psi_k + \frac{-h}{i} \sum_k a_k(t)\frac{\partial\psi_k}{\partial t} \tag{A1.6}$$

Da die ψ_k Lösungen der Schrödinger-Gleichung (A1.4) für den zeitunabhängigen Operator $\hat{H}_0$ sind, hebt sich die erste Summe auf der linken Seite von (A1.6) gegen die letzte Summe auf der rechten Seite gliedweise weg. Was übrig bleibt, multiplizieren wir von links mit $\psi_{k''}^*$ und integrieren über die Raumkoordinaten. Dann ergibt sich wegen der Orthogonalität der ψ_k

$$\sum_k a_k(t) \int_R \psi_{k''}^*\hat{H}'\psi_k d\tau = -\frac{h}{i}\frac{da_{k''}}{dt} \tag{A1.7}$$

Wir setzen nun voraus, dass zur Zeit t = 0 das Molekül sich im Zustand $\psi_{k'}$ befinde, d.h. dass $a_{k'}(0) = 1$ und alle übrigen $a_{k\neq k'}(0) = 0$ seien. Dann wird im ersten Moment

$$\frac{da_{k''}}{dt} = \frac{-i}{\hbar} \int_R \psi_{k''}^* \hat{H}' \psi_{k'} \, d\tau \tag{A1.8}$$

Mit den Darstellungen (A1.1) und (A1.2) erhält man daraus

$$\frac{da_{k''}}{dt} = - \frac{i}{2\hbar} \vec{F}_0 \, e^{- \frac{i}{\hbar} (E_{k'} - E_{k''} - h\nu)t} \int_R \psi_{k''}^* \hat{h}' \psi_{k'} \, d\tau$$

$$- \frac{i}{2\hbar} \vec{F}_0 \, e^{- \frac{i}{\hbar} (E_{k'} - E_{k''} + h\nu)t} \int_R \psi_{k''}^* \hat{h}' \psi_{k'} \, d\tau \tag{A1.9}$$

Aus dieser Formel ist ersichtlich, dass unter der Wirkung
der periodischen Störung $\hat{H}'$ ein Molekül nur dann von einem
Zustand $\psi_{k'}$ in einen Zustand $\psi_{k''}$ oder umgekehrt übergeht,
wenn $h\nu$ sehr nahe bei $|E_{k'} - E_{k''}|$ liegt. Wenn diese Bedingung
erfüllt ist, wird einer der Exponentialfaktoren in (A1.9)
während längerer Zeit nicht wesentlich von eins abweichen,
d.h. nur dann wird sich $a_{k''}$ während längerer Zeit gleich-
sinnig ändern. Wenn $E_{k'} < E_{k''}$ vorausgesetzt wird, so bedingt der zweite Term in (A1.9) die zeitliche Aenderung von
$a_{k''}$. Der Uebergang entspricht dann der Absorption eines
Quants der Energie $h\nu$. Wenn $E_{k'} > E_{k''}$, bedingt der erste
Term von (A1.9) die Aenderung von $a_{k''}$. Der Vorgang entspricht dann der durch das Strahlungsfeld induzierten Emission eines Quants $h\nu$. Ferner geht aus (A1.9) hervor, dass
auch bei Erfüllung der Frequenzbedingung ein Uebergang nur
dann erfolgt, wenn das sog. <u>Uebergangsmoment</u>

$$\mu_{k',k''} = \int_R \psi_{k''}^* \hat{h}' \psi_{k'} \, d\tau \tag{A1.10}$$

nicht verschwindet. Wir werden finden, dass für viele Kombinationen $\psi_{k'}$ und $\psi_{k''}$ $\mu_{k',k''} = 0$ gilt. Das bedeutet, dass
eine periodische Störung auch dann, wenn die Frequenz dem
Energieunterschied entspricht, den Uebergang nicht immer

erzeugt. Die von einem Ausgangszustand aus erreichbaren Endzustände werden durch <u>Auswahlregeln</u> erfasst.

Wie (A1.9) zeigt, ist das Uebergangsmoment und damit die Wahrscheinlichkeit des Uebergangs pro Sekunde für ein gegebenes Strahlungsfeld in Emission gleich gross wie in Absorption. Da $\dfrac{da_{k''}}{dt}$ bei gegebener Frequenz und Amplitude proportional zu $\mu_{k'k''}$ und die Wahrscheinlichkeit, das Molekül ausgehend vom Zustand k' im Zustand k" zu finden, proportional zu $a^{*}_{k''}a_{k''}$ ist, wird die Uebergangswahrscheinlichkeit proportional zu $\mu^{*}_{k'k''}\mu_{k'k''}$.

Anhang II

<u>Berechnung von Uebergangsmomenten für zweiatomige Moleküle</u>

In der Born-Oppenheimer-Näherung kann man die Zustandsfunktion im Ausgangszustand a in der Form

$$\psi_a = \Phi_{k'}\!\left(\vec{R}_k,\vec{r}_i\right)\,\chi_{n'}^{(k')}\!\left(\vec{R}_k\right) \qquad\qquad (A2.1)$$

darstellen. $\chi_{n'}^{(k')}$ sei der nun von den Kernkoordinaten $\vec{R}_k$ abhängige Faktor. Der obere Index (k') bedeutet, dass er die Kernbewegung in dem Potential darstellt, das durch die Elektronen im Zustand $\Phi_{k'}$ zusammen mit der Coulombabstossung der Kerne erzeugt wird. $\chi_{n'}^{(k')}$ enthalte sowohl den vibratorischen als auch den rotatorischen Anteil der Zustandsfunktion.

Der elektronische Faktor $\Phi_{k'}$ hängt von den Elektronenkoordinaten $\vec{r}_i$ ab und verändert seine Form auch mit der räumlichen Lage der Kerne.

Entsprechend kann man einen Endzustand

$$\psi_e = \Phi_{k''}\!\left(\vec{R}_k,\vec{r}_i\right)\,\chi_{n''}^{(k'')}\!\left(\vec{R}_k\right) \qquad\qquad (A2.2)$$

formulieren. Da, wie in Abschnitt 4 abgeschätzt, die Wechselwirkung des elektrischen Vektors des Strahlungsfeldes mit dem Dipolmoment i.a. am grössten ist, beschränken wir uns auf die Behandlung der sog. elektrischen Dipolübergänge. Der zeitabhängige Operator $\hat{H}'$ von Anhang I wird dann $\hat{H}' = -\vec{\mu}\vec{F}(t)$, woraus sich mit (A1.2) $\hat{h}' = -\vec{\hat{\mu}}$ ergibt.

Das elektrische Dipolübergangsmoment ist dann gemäss Anhang I

$$\vec{\mu}_{k'n',k''n''} = -\int \psi_e^{*}\,\vec{\hat{\mu}}\,\psi_a\,d\tau \qquad\qquad (A2.3)$$

Der Dipoloperator $\hat{\vec{\mu}}$ leitet sich gemäss den im Teil IV Abschnitt 2.2 angegebenen Regeln vom klassischen Ausdruck für das Dipolmoment

$$\vec{\mu} = \sum_k Ze\vec{R}_k - e \sum_i \vec{r}_i \tag{A2.4}$$

ab, indem man die kartesischen Komponenten der Ortsvektoren durch die entsprechenden Operatoren ersetzt. Damit wird

$$\hat{\vec{\mu}} = \sum_k Ze\hat{\vec{R}}_k - e \sum_i \hat{\vec{r}}_i = \hat{\vec{\mu}}_k + \hat{\vec{\mu}}_{e\ell} \tag{A2.5}$$

Der Operator ist die Summe aus einem nur auf die Kernkoordinaten wirkenden $\hat{\vec{\mu}}_k$ und einem nur auf die Elektronenkoordinaten wirkenden Teil $\hat{\vec{\mu}}_{e\ell}$.

a) <u>Reine Rotationsübergänge</u>

Wir stellen $\chi_n^{(k)}(R_k)$ als Produkt einer nur vom Kernabstand R abhängigen normierten Schwingungsfunktion $\psi_n(R)$ und einer von den Polarkoordinaten ϑ und φ der Kernverbindungslinie abhängigen normierten Rotationseigenfunktion $Y_\ell^m(\vartheta,\varphi)$ dar. Da in diesem Fall $k' = k''$ und $n' = n''$ gilt, kann man (A2.3) schreiben als

$$\vec{\mu}_{\ell'm'\ell''m''} = -\int \Phi_{k'}^* \psi_{n'} Y_{\ell''}^{m''*} \hat{\vec{\mu}} \Phi_{k'} \psi_{n'} Y_{\ell'}^{m'} d\tau \tag{A2.6}$$

Dies kann man auch als

$$\vec{\mu}_{\ell'm'\ell''m''} = -\int Y_\ell^{m''*} \int \Phi_{k'}^* \psi_{n'} \hat{\vec{\mu}} \Phi_{k'} \psi_{n'} d\tau_{int} Y_\ell^{m'} d\tau_{\vartheta\varphi} \tag{A2.7}$$

darstellen, wo $d\tau_{int}$ das die internen Koordinaten $\vec{r}_i$ und $\vec{R}_k$ umfassende mehrdimensionale Integrationselement und $d\tau_{\vartheta\varphi}$ das die Orientierung der Kernverbindungslinie betreffende Integrationselement bedeuten. Das innere Integral in (A2.7) ist der Erwartungswert des Dipolmomentes im Zustand $\Phi_{k'} \psi_{n'}$.

Es weist aus Symmetriegründen in die Kernverbindungslinie, also in Richtung $\theta\varphi$. Seinen Betrag bezeichnen wir mit $\mu_{k'n'}$. Seine kartesischen Komponenten werden somit

$$\mu_{k'n'x} = \mu_{k'n'}\sin\theta\cos\varphi$$

$$\mu_{k'n'y} = \mu_{k'n'}\sin\theta\sin\varphi \qquad\qquad (A2.8)$$

$$\mu_{k'n'z} = \mu_{k'n'}\cos\theta$$

Man sieht sofort, dass der Uebergang nur dann erlaubt sein kann, wenn das Dipolmoment $\mu_{k'n'}$ nicht verschwindet. Eine Auswertung von (A2.7) mit (A2.8) unter Verwendung der Eigenschaften der Kugelflächenfunktionen Y_ℓ^m zeigt, dass als weitere Bedingungen $m'' = m'$ und $\ell'' = \ell'\pm1$ erfüllt sein müssen, wenn $\mu_{\ell'm',\ell''m''}$ nicht verschwinden soll (vgl. Herzberg, Spectra of Diatomic Molecules, p. 72).

b) <u>Vibrations-Rotationsübergänge</u>

In diesem Fall ist $k' = k''$, aber $n' \neq n''$, und i.a. $\ell' \neq \ell''$ und $m' \neq m''$. Wir erhalten aus (A2.3)

$$\vec{\mu}_{n'\ell'm'n''\ell''m''} = -\int Y_{\ell''}^{m''*}\int\psi_{n''}\int\Phi_{k'}^*\hat{\vec{\mu}}\Phi_{k'}\,d\tau_{e\ell}\,\psi_{n'}\,dR\,Y_{\ell'}^{m'}\,d\tau_{\theta\varphi} \qquad (A2.9)$$

Das innerste Integral ist das vom Kernabstand abhängige Dipolmoment:

$$\int\Phi_{k'}^*\hat{\vec{\mu}}\Phi_{k'}\,d\tau_{e\ell} = \int\Phi_{k'}^*\hat{\vec{\mu}}_{e\ell}\Phi_{k'}\,d\tau_{e\ell} + \hat{\vec{\mu}}_k\int\Phi_{k'}^*\Phi_{k'}\,d\tau_{e\ell}$$

$$= \vec{\mu}_{e\ell}(R) + \vec{\mu}_k(R) = \vec{\mu}(R) \qquad\qquad (A2.10)$$

Wir entwickeln $\vec{\mu}(R)$ in der Nähe des Gleichgewichtsabstandes R_e und erhalten

$$\vec{\mu}(R) = \vec{\mu}(R_e) + \left(\frac{d\vec{\mu}}{dR}\right)_{R_e}(R-R_e) + \ldots \qquad\qquad (A2.11)$$

Setzt man dies in (A2.9) ein und vernachlässigt höhere als
lineare Glieder in $(R-R_e)$, so liefert wegen der Orthogonalität der Vibrationsfunktionen im selben Elektronenzustand das
konstante $\vec{\mu}(R_e)$ keinen Beitrag, und man erhält

$$\vec{\mu}_{n'\ell'm'n''\ell''m''} = -\int Y_{\ell''}^{m''*}\left(\frac{d\vec{\mu}}{dR}\right)_{R_e}\int \psi_{n''}(R-R_e)\psi_{n'}\,dR\,Y_{\ell'}^{m'}\,d\tau_{\vartheta\varphi} \qquad (A2.12)$$

Da gemäss Teil IV, Abschnitt 3.2

$$\psi_n = N_n H_n(\zeta)\,e^{-\frac{\zeta^2}{2}} \qquad (A2.13)$$

wo $\zeta = \text{const}\cdot(R-R_e)$, und die Hermiteschen Polynome $H_n(\zeta)$ eine
Rekursionsformel von der Form

$$\zeta H_n = a H_{n-1} + b H_{n+1} \qquad (A2.14)$$

erfüllen, so folgt sofort, dass

$$(R-R_e)\psi_{n'} = a'\psi_{n'+1} + b'\psi_{n'-1} \qquad (A2.15)$$

sein muss. Verwendet man dies im inneren Integral von (A2.12),
so ergibt sich die Auswahlregel

$$n'' = n' \pm 1 \qquad (A2.16)$$

die neben

$$\left(\frac{d\vec{\mu}}{dR}\right)_{R_e} \neq 0 \qquad (A2.17)$$

erfüllt sein muss, wenn das Uebergangsmoment endlich sein
soll. In einem zweiatomigen Molekül ist die Dipolmomentänderung aus Symmetriegründen entlang der Kernverbindungslinie
orientiert. Sie hat deshalb die Komponenten

$$\left(\frac{d\mu}{dR}\right)_x = \left|\frac{d\vec{\mu}}{dR}\right|_{R_e} \sin\vartheta\cos\varphi$$

$$\left(\frac{d\mu}{dR}\right)_y = \left|\frac{d\vec{\mu}}{dR}\right|_{R_e} \sin\vartheta\sin\varphi \qquad (A2.18)$$

$$\left(\frac{d\mu}{dR}\right)_z = \left|\frac{d\vec{\mu}}{dR}\right|_{R_e} \cos\vartheta$$

Dies führt in (A2.12) eingesetzt zu den genau gleichen Integralen über ϑ und φ wie bei den reinen Rotationsübergängen, was bedeutet, dass gleichzeitig mit $n'' = n' \pm 1$ und $\left(\frac{d\mu}{dR}\right)_{R_e} \neq 0$ die Bedingungen $m'' = m'$ und $\ell'' = \ell' \pm 1$ erfüllt sein müssen.

c) Uebergänge zwischen Vibrations- und Rotationszuständen verschiedener Elektronenzustände

Wir betrachten einen Uebergang, bei welchem sich der elektronische Teil der Wellenfunktion von $\Phi_{k'}$ zu $\Phi_{k''}$ ändert. Eine Schwingungsfunktion $\psi_{n'}^{(k')}$ im Elektronenzustand (k') ist, weil sich die Form des Potentials mit dem Elektronenzustand ändert, nicht orthogonal zu $\psi_{n''}^{(k'')}$ im Endzustand.

Das Uebergangsmoment wird

$$\vec{\mu}_{k'n'\ell'm',k''n''\ell''m''} = -\int Y_{\ell''}^{m''*} \int \psi_{n''}^{(k'')} \int \Phi_{k''}^* \hat{\vec{\mu}}_{e\ell} \Phi_{k'} d\tau_{e\ell} \, \psi_{n'}^{(k')} dR \, Y_{\ell'}^{m'} d\tau_{\vartheta\varphi}$$

$$-\int Y_{\ell''}^{m''*} \int \psi_{n''}^{(k'')} \int \Phi_{k''}^* \hat{\vec{\mu}}_{k} \Phi_{k'} d\tau_{e\ell} \, \psi_{n'}^{(k')} dR \, Y_{\ell'}^{m'} d\tau_{\vartheta\varphi}$$

$$(A2.19)$$

Da $\hat{\vec{\mu}}_k$ nur auf die Kernkoordinaten wirkt und $\Phi_{k''}$ und $\Phi_{k'}$ für jeden Kernabstand orthogonal sind, verschwindet der zweite Summand. Das innerste Integral im ersten Summanden

$$\vec{\mu}_{e\ell k'k''}(R) = \int \Phi_{k''}^* \hat{\vec{\mu}}_{e\ell} \Phi_{k'} d\tau_{e\ell} \qquad (A2.20)$$

wird als elektronisches Uebergangsmoment bezeichnet. Es ist
noch vom Kernabstand R abhängig und kann je nach der Symmetrie von $\Phi_{k'}$ und $\Phi_{k''}$ entweder in der Kernverbindungslinie
oder senkrecht dazu orientiert sein. Für das weitere setzen
wir, weil im Verlauf einer Schwingung der Kernabstand sich
nicht stark ändert

$$\vec{\mu}_{el\,k'k''}(R) \approx \vec{\mu}_{el\,k'k''}(R_e) \tag{A2.21}$$

und erhalten damit

$$\vec{\mu}_{k'n'\ell'm',k''n''\ell''m''} = -\int Y_{\ell''}^{m''*}\,\vec{\mu}_{el\,k'_;k''}(R_e)\int \psi_{n''}^{(k'')}\,\psi_{n'}^{(k')}\,dR\,Y_{\ell'}^{m'}\,d\tau_{\vartheta\varphi} \tag{A2.22}$$

Die einzelnen Komponenten dieses Uebergangsmomentes ergeben
sich mit

$$\mu_{el\,k'k'',i} = |\mu_{el\,k'k''}|\,F_i(\vartheta,\varphi,\eta) \qquad i = x,y,z$$

wo F_i die unter Umständen noch vom Drehwinkel η um die Kernverbindungslinie abhängige Projektion auf die Koordinate i
darstellt, zu

$$\mu_{k'n'\ell'm',k''n''\ell''m\ell,i} =$$
$$- |\mu_{el\,k'k''}(R_e)|\int \psi_{n''}^{(k'')}\,\psi_{n'}^{(k')}\,dR\int Y_{\ell''}^{m''*}\,F_i\,Y_{\ell'}^{m'}\,d\tau_{\vartheta,\varphi,\eta} \tag{A.2.23}$$

Wenn $\vec{\mu}_{el\,k'k''}$ parallel zur Kernverbindungslinie orientiert ist,
so entsprechen die F_i den Winkelfunktionen von (A2.8), und es
ergeben sich die Auswahlregeln $\ell'' = \ell'\pm1$, $m'' = m'$. Steht $\vec{\mu}_{el\,k'k''}$
senkrecht zur Kernverbindungslinie, so ist zusätzlich $\ell'' = \ell'$
erlaubt. Mit Hilfe des sog. Franck-Condon Integrals
$\int \psi_{n''}^{(k'')}\,\psi_{n'}^{(k')}\,dR$ lassen sich die Uebergangswahrscheinlichkeiten
zwischen den Vibrationszuständen des elektronischen Anfangs-
und Endzustandes berechnen. Die einzelnen Faktoren in (A.23)
werden im Abschnitt 6.2 näher diskutiert.

Sachverzeichnis